基于无人机遥感的城市台风应急与管理关键技术

何原荣 吴克寿 崔胜辉 著

科学出版社
北京

内 容 简 介

台风灾害的严重性、多发性已为世人所瞩目。无人机遥感技术能够快速、及时获取翔实的"一线"信息。本书以无人机遥感技术在"莫兰蒂"超强台风灾后的应急测绘、重建及违章建筑监管中的相关应用为工作基础，基于无人机获取的厘米级正射影像，以及三维激光点云、航拍视频、倾斜摄影、720°全景等多样化成果集成应用，建立成套化无人机台风应急与管理信息获取、处理与成果编制技术体系。面向灾情分析、灾后重建及违章建筑监管等工作，集成应用空间分析、移动 GIS、WebGIS 技术及相关业务流程，开发基于无人机遥感获取相关数据成果的可视化分析与业务应用系统，为台风灾害危机管理的缩减、预备、反应、恢复提供平台支持，同时促进无人机遥感技术与空间信息前沿技术融合，以及相关数据成果开发利用，也为智慧城市提供有益的实践探索。

本书可供高等学校测绘工程、地理信息工程、地理国情监测、防灾减灾、应急管理等相关专业的本科生、研究生学习使用，也可供有关科技人员参考。

图书在版编目(CIP)数据

基于无人机遥感的城市台风应急与管理关键技术/何原荣，吴克寿，崔胜辉著. —北京：科学出版社，2019.6

ISBN 978-7-03-060142-1

Ⅰ. ①基… Ⅱ. ①何… ②吴… ③崔… Ⅲ. ①城市—台风灾害—应急对策—研究 ②无人驾驶飞机—航空遥感—应用—研究 Ⅳ. ①X43 ②TP72

中国版本图书馆 CIP 数据核字（2018）第 285916 号

责任编辑：石 珺 朱 丽 / 责任校对：樊雅琼
责任印制：吴兆东 / 封面设计：鑫诚文化

科学出版社 出版
北京东黄城根北街 16 号
邮政编码：100717
http://www.sciencep.com

北京虎彩文化传播有限公司 印刷
科学出版社发行 各地新华书店经销

*

2019 年 6 月第 一 版　开本：787×1092 1/16
2019 年 6 月第一次印刷　印张：12 1/4
字数：290 000

定价：98.00 元
（如有印装质量问题，我社负责调换）

国家自然科学基金国际合作与交流项目（编号：41661144032）
福建省自然基金面上项目（编号：2016J01199）
福建省测绘地理信息局科技项目（编号：2018JX02）　　　联合资助
龙岩市科技计划对外合作项目（编号：2018LYF7005）

前　　言

随着国内民用无人机政策的规范和低空空域改革的深化,我国民用无人机行业将呈现爆发式增长,"无人机+"与"互联网+"类似,通过与传统行业跨界融合开辟发展新"蓝海"。我国幅员辽阔,地理气候条件复杂,是世界上自然灾害最严重的国家之一。传统的救灾方式是在灾害发生后依靠专业调查人员进行灾区地理环境勘测,但其工作量非常大,且灾害发生后的地理环境通常比较复杂、险恶,对调查人员的人身安全构成极大威胁,导致无法及时、高效、全面地掌握灾区损毁信息。无人机遥感作为我国当前和未来获取厘米级超高分辨率、小时级即时响应遥感数据的主要途径,能够迅速地在灾害救援过程中提供有效信息,在灾害预判、灾情控制及灾后重建等方面发挥巨大作用。

台风造成的灾害严重性及其多发性已为世人所瞩目。台风与热带风暴袭来时,往往伴有狂风、暴雨、巨浪和风暴潮,具有很强的破坏力。台风灾后应急与管理是一项时效性强、涉及面广、工作难度大、群众关注度高的民生工程。如何建立基于无人机遥感数据获取、信息提取、统计分析及集成开发的技术体系,形成"无人机+台风应急管理"应用既是应急管理工作的技术需求,也是智慧城市探索的重要方向。为此,本书以无人机遥感技术在"莫兰蒂"超强台风灾后的应急测绘、重建及违章建筑监管方面的相关应用为基础,研究借助成套化无人机航拍、数据处理及信息资源开发利用技术,从城市应急及灾后管理两个层面开展一系列研究工作。

基于无人机遥感系统获取的厘米级正射影像,建立树木、路灯、电杆、农棚、厂房、民房、积水区等多目标受灾体的无人机影像解译标志,设计无人机应急制图的信息内容、符号表达、图件版式,解译并编制灾损数据库。以"莫兰蒂"超强台风灾后影像航拍资料,以及历史遥感数据、地名、行政区划为数据基础,开展系列图件制作,在灾后复杂现场勘察环境下及时、高效地为厦门市集美区、翔安区、思明区等地提供翔实的"一线"灾情信息。

针对台风中损失较为严重的树木和建筑两种对象,在解译数据库的基础上,结合影像分析、地面调查、三维激光扫描等手段,扩充属性内容,并进一步进行专题分析。在树木受损专题方面,对倒伏树木的受损等级、树木大小及树木存在的二次伤害等属性进行分析,对倒伏树木与公共设施等要素的关联性进行分析,确定要素间的互相影响关系及灾后的重点防治区域。利用三维激光扫描技术测算抽样倒伏树木的树高、胸径,并计算林地的材积容量。在建筑受损专题方面,对受损建筑的材料进行专题分析,确定建筑垃圾的主要来源;对屋顶受损情况进行统计及对受损建筑聚集地进行空间分析,分析受损建筑的空间分布与受损程度的关系。采用三维激光扫描技术制作损毁与修复重建的点云模型,编制损毁建筑部件调查清单。

针对大批量的城乡风貌房屋外立面改造工程资金核算、规划管理与项目管控的需要,以厦门市同安区的同集路、滨海西大道、银湖中路等 30 多千米路段两侧的建筑外立面为对象，建立基于航拍与点云数据获取其总平面图、外立面图制作、编码的技术方法，开发构建集总平面图，外立面图，立面现状及规划、施工效果图为一体的房屋外立面改造 GIS 系统，为灾后城市修补工程的规划、管理提供快速、精准、透明的集成化技术平台。

针对违章搭盖所造成的多方面危害，如何防止违章搭盖建筑的重修重盖，使广大市民不再遭受这些危险建筑的危害、减少国家和民生的损失，以使得市容市貌恢复到原本的状态，是防灾减灾的"治本"工作。采用无人机动态航拍数据，首先将通过获取动态 DSM 数据求取高程变化 2~8m 的图斑作为初筛目标，叠加两期动态正射影像进行人机交互解译，快速提取建筑扩展、新建及拆除三种类型的范围，开发现场勘查移动 GIS 软件，采用 WebGIS 对航拍影像、解译成果及地面调查信息进行集成发布，构建能够实现精准管理且能对违章搭盖形成有效震慑作用的监管平台。

如今大多数台风研究是在卫星影像基础上进行灾情分析的，因而时效性弱，分析方式不够深入，灾情信息内容不够系统。本书设计架设 PostgreSQL 数据库、Tomcat 与 ArcGIS Server 服务器，并结合 Echarts 图标库、Leaflet 交互式地图库等技术开发实现完整的台风应急响应系统。该系统通过集成应用空间分析、移动 GIS、WebGIS 技术及相关业务流程对无人机遥感获取相关数据成果进行可视化分析与应用开发，实现了台风灾情监测、数据处理管理分析及灾情可视化展示等功能。

总之，本书基于无人机获取的厘米级高精度正射影像，以及三维点云、航拍视频、倾斜摄影、720°全景等多样化成果集成应用，拓展台风灾情应急信息获取内容与处理的深度，建立成套化无人机台风应急与管理信息获取、处理与成果编制技术体系，为迅速、果断处理救助和救援工作，以及防止事态的进一步恶化、事后救治的应急管理提供信息支持。面向灾情分析、灾后修复及违章建设监管等工作，集成应用空间分析、移动 GIS、WebGIS 技术及相关业务流程，实现对无人机遥感获取的相关数据成果的可视化分析与应用开发，促进无人机遥感技术与空间信息前沿技术融合，以及相关数据成果开发利用，为危机管理的缩减（reduction）、预备（readiness）、反应（respond）、恢复（recovery）提供平台支持。该平台可为用户提供简洁、准确、全面的台风历年数据和灾情专题图，为今后应急救援与协同决策提供信息支持，同时为每次台风来临提前做好重点地区要素类型丰富、现势性强的应急测绘地图信息数据资源储备，能够以史为鉴、提前做好防灾减灾的科学部署，为智慧城市提供有益的实践探索。

最后，总结了本书研究成果，并展望后续研究工作，主要集中在：①本书基于航拍影像，系统地获取多种受灾体的空间信息及部分属性内容，进一步研究面向对象的目标自动提取智能算法对大范围受灾区灾情快速评估的时效性，开发针对灾情多源空间信息的数据管理、采集、统计、制图、分析等集成功能的专题 GIS 系统，以降低对 ArcGIS 平台及无人机遥感相关软件工具的专业性和复杂性的依赖，促进无人机遥感在台风应急与管理中及时服务和推广应用。②在灾情信息内容进一步拓宽时，还应根据沿海城市台风应急与管理的特点，对近海区域产业设施（如渔排）、特色物种（如红树林）、脆弱性受灾对象（如电力线），以及车位、桥梁、码头、河岸、海堤、地质（隐患）灾害点等更多目标的无人机遥感监测做深入的研究。充分利用无人机遥感信息丰富的优势，对一些重要应急事务，如对清障中的绿化垃圾和建筑垃圾进行分布制图和体量统计，为清障争取时间，以及为人力、财力的安排提供决策信息支持。通过获取综合数据库，进一步从多要素综合评价角度开展灾损（如灾损评估、生态系统服务）评估研究。③本书对无人机影像及点云数据在建筑的损毁、灾后修补及违章建设监管中的应用做了系统的研究，更多的相关数据仍有待深入挖掘。例如，在采用三维激光技术调查损毁建筑部件时，可编制建筑修补物料需求调查统计清单。利用厘米级的正射影像制作大比例尺地籍图，集成房屋平面图，以及入户调查获取人口、危险品等重点管理对象的信息，通过巡查 APP 建立与二维码门牌的一一对应关系，实现灾中准确掌握居民状况的目标，同时为日常的安全保障工作、建设"安全感"的城市提供高效、准确的信息工具。

由于当今无人机遥感技术发展迅速，涉及内容广泛，加之作者水平和时间有限，本书难免存在不足和疏漏之处，恳切期望专家、学者和读者批评指正。

何原荣

2018 年 12 月 1 日

目　　录

前言
第 1 章　绪论 ··· 1
　1.1　研究背景及意义 ··· 1
　1.2　国内外研究综述 ··· 3
　1.3　研究目标与研究内容 ·· 6
　　1.3.1　研究目标 ·· 6
　　1.3.2　研究内容 ·· 7
　1.4　技术路线与技术方法 ·· 7
第 2 章　受灾区灾情无人机遥感航拍与制图 ··· 10
　2.1　研究概述 ·· 10
　2.2　正射影像航拍及处理 ··· 10
　　2.2.1　正射影像航拍 ·· 10
　　2.2.2　影像处理 ·· 14
　2.3　灾情解译及精度验证 ··· 18
　　2.3.1　建立解译标志 ·· 18
　　2.3.2　解译精度验证 ·· 21
　2.4　专题图编制及成果输出 ··· 25
　　2.4.1　解译成果输出 ·· 25
　　2.4.2　专题地图编制及成果归档 ··· 30
　2.5　本章小结 ·· 33
第 3 章　台风灾后受损及恢复状况分析 ··· 34
　3.1　研究概述 ·· 34
　3.2　树木受损专题分析 ·· 34
　　3.2.1　道路沿线受损空间分析 ·· 34
　　3.2.2　倒伏树与停车位的关联分析 ··· 38
　　3.2.3　受损林地三维激光扫描与统计 ··· 40
　3.3　建筑受损专题分析 ·· 43
　　3.3.1　屋顶受损分类统计 ··· 43
　　3.3.2　屋顶受损空间分析 ··· 45
　　3.3.3　基于三维激光扫描技术的建筑受损统计制图 ······························· 49
　3.4　台风灾后恢复状况分析 ··· 53
　　3.4.1　数据的获取和处理 ··· 53

  3.4.2 基于多期航拍影像的灾情恢复分析 ·········· 56
  3.4.3 基于 Model Builder 的图斑初筛 ·········· 56
  3.4.4 基于矢量数据与 DSM 栅格数据提取高程信息 ·········· 62
 3.5 本章小结 ·········· 65

第 4 章 灾情监测数据可视化分析及系统构建 ·········· 66
 4.1 台风符号库建设 ·········· 66
  4.1.1 符号库设计 ·········· 66
  4.1.2 符号库制作 ·········· 66
 4.2 数据库配置与发布平台搭建 ·········· 69
  4.2.1 台风基础数据库 ·········· 69
  4.2.2 发布图层设置 ·········· 71
  4.2.3 构建网络发布平台 ·········· 76
 4.3 系统总体结构及关键技术 ·········· 80
  4.3.1 系统总体结构 ·········· 81
  4.3.2 Web GIS 技术 ·········· 83
  4.3.3 JavaScript 语言 ·········· 84
  4.3.4 PostgreSQL 数据库 ·········· 84
 4.4 系统分析与设计 ·········· 85
  4.4.1 系统目标 ·········· 85
  4.4.2 系统地图模块设计 ·········· 85
  4.4.3 系统数据库设计 ·········· 86
 4.5 系统开发与实现 ·········· 87
  4.5.1 地图显示模块 ·········· 87
  4.5.2 台风信息模块 ·········· 88
  4.5.3 图表功能模块 ·········· 90
  4.5.4 报表功能设计 ·········· 92
  4.5.5 报表功能实现 ·········· 93
  4.5.6 数据导出与打印 ·········· 93
  4.5.7 Cesium 技术简介 ·········· 94
  4.5.8 倾斜模型网络发布 ·········· 96
  4.5.9 倾斜三维模型应用模块 ·········· 98
 4.6 本章小结 ·········· 98

第 5 章 外立面测量及监管 GIS 平台构建 ·········· 100
 5.1 研究概述 ·········· 100
 5.2 基于航拍数据的总平面图编制 ·········· 100
 5.3 基于点云数据的立面成果编制 ·········· 103
  5.3.1 激光点云建筑外立面外业测量 ·········· 103
  5.3.2 激光点云建筑外立面外业补测 ·········· 104

5.3.3 激光点云建筑外立面内业处理 105
　5.4 外立面施工监管 GIS 平台设计与构建 115
　　　5.4.1 外立面施工监管 GIS 平台设计 116
　　　5.4.2 建筑外立面施工监管 GIS 平台构建 118
　5.5 本章小结 135

第6章 违章建筑动态监测及其监察信息系统构建 136
　6.1 研究概述 136
　6.2 航拍影像获取和数据处理 137
　　　6.2.1 前期影像数据的获取 137
　　　6.2.2 前期影像数据的作用 137
　　　6.2.3 影像数据网络共享发布 137
　6.3 多期航拍影像数据处理 138
　　　6.3.1 基于 Model Builder 的建筑物变化初筛 138
　　　6.3.2 人工目视解译 143
　　　6.3.3 两种三维验证 144
　6.4 基于 WebGIS 的违章建筑巡查管理系统 147
　　　6.4.1 系统构架与开发技术 147
　　　6.4.2 空间数据库设计与集成 152
　　　6.4.3 系统的环境搭建 155
　　　6.4.4 系统功能设计 160
　　　6.4.5 系统功能实现 162
　6.5 网格化管理移动端系统建设 168
　　　6.5.1 违章建筑信息核查前期准备 169
　　　6.5.2 移动端 APP 现场信息采集 169
　　　6.5.3 建筑监察 APP 与 Web 端数据同步关联 174
　　　6.5.4 违章建筑查询管理系统实现 175
　6.6 本章小结 176

第7章 总结与展望 177
　7.1 研究总结 177
　7.2 不足与展望 178

参考文献 179

第1章 绪　　论

1.1　研究背景及意义

我国幅员辽阔，地理气候条件复杂，是世界上自然灾害最严重的国家之一。我国自然灾害分布地域广、经济损失大，如台风、地震、海洋和生态环境等重大灾害对我国经济社会发展和人民财产安全造成了重大损失。城市作为人口、经济、政治和文化的聚集中心，是整个社会创造物质财富和精神财富的重要基地，同时，基于城市的起源和形成，大部分城市"依山"（山间盆地、山谷出口或山前台地等）而立，或者"傍水"（河边、海滨或湖边等）而建，这些地理因素直接导致城市自然灾害发生频度高、损失惨重。近几十年来，在全球气候变化背景下，全球70%的自然灾害与气象有关。台风灾害的严重性、多发性已为世人所瞩目。台风袭来时，往往伴有狂风、暴雨、巨浪和风暴潮，具有很强的破坏力，其位居全球十大自然灾害之首。

随着我国城市化进程不断加快，人口急剧膨胀，生态环境逐步恶化，我国极端气候事件和自然灾害风险进一步加剧，自然灾害造成的损失日益严重。《2016年中国海洋灾害公报》报道，1988～2015年中国每年因台风造成的直接经济损失达290.5亿元，而且随着社会经济的高速发展，台风灾害对沿海城市的影响越加明显，呈现逐年增大的趋势。福建省是我国受台风影响最严重的省份之一，1949～2014年登陆福建省的台风达111个，平均每年1.7个，历史上曾有多次超强台风在此登陆，其中在"福州—厦门"一带登陆的台风约占60%。2016年9月15日3时5分在厦门市翔安区登陆的该年太平洋第14号超强台风"莫兰蒂"中心附近最大风力达到17级以上（68m/s），是自中华人民共和国成立以来登陆闽南地区的最强台风，对沿途的区域造成了严重的破坏，尤其是轻钢建筑物、道路树木、指示牌及广告牌等严重损毁，在此次台风中，厦门直接经济损失达102亿元，台风灾后应急与管理是一项时效性强、涉及面广、工作难度大、群众关注度高的民生工程。

在自然灾害面前，发展中国家的脆弱性程度更高，因此我国对于气象灾害防御与应急也给予了高度的负责和重视。我国国民经济和社会发展"十三五"规划纲要明确提出要强化防御气象灾害能力，提升沿海城市的防灾应急能力。《国家气象灾害防御规划（2009—2020年）》特别将强化台风等气象灾害的防灾减灾能力和应对气候变化能力列为重点开展的工作。《城市适应气候变化行动方案》要求在城市规划中充分考虑气候变化因素，建立并完善城市对于台风等灾害的应急保障服务能力。2016年国家测绘地理信息局在《国家自然灾害救助应急预案》（国办函〔2016〕25号），以及《测绘地理信息事业"十三五"规划》（发改地区〔2016〕1907号）文件精神的基础上，出台《关于进一步加强应急测绘保障服务能力建设的意见》，提出加强航空应急测绘系统建设、推动应急现场勘测系统建设、强化应急测绘快速集成处理与分发服务系统建设、推进应急测绘地理信息资源共享系统建设的具体内容和要求。同时，及时、有效开展防灾减灾工作是构建社会主义和谐社会的必然要求，是维护政府形象的必要条件，为此各级政府加大科技投入，提高科技抗灾水平。

传统的救灾方式是灾害发生后依靠专业调查人员进行灾区地理环境勘测，但是其工作量巨大，而且灾害发生后的地理环境通常比较复杂险恶，对调查人员人身安全构成极大威胁，使其无法及时、高效、全面地掌握灾区损毁信息。随着遥感与地理信息技术的发展，卫星和航空遥感形成了中低分辨率互补的灾情监测体系，可以在一定程度上缓解无法及时、全面地获取灾情信息的困境，但是由于其本身重访周期的限制，加之光学传感器易受云层等影响，无法实现实时监测，难以获取全部地区的高分辨率影像。虽然航空遥感不受重访周期的限制，但申请中高空飞行空域十分不便，起降条件要求高，而且气象条件影响也很大，从而卫星和航空影像在数量和质量上不能完全满足城市灾害调查需求。轻小型无人机遥感作为我国当前和未来获取厘米级超高分辨率、小时级即时响应遥感数据的主要途径，是我国完整的空间对地观测基础设施体系的重要组成部分，是实现高频次、超高分辨率遥感数据获取的关键。近几年轻小型无人机在灾害救援过程中迅速地提供有效信息，在灾害预判、灾情控制及灾后重建等方面发挥了巨大作用，现已成为民政部国家减灾中心灾害应急的主要手段。

无人机（unmanned aerial vehicle，UAV）与遥感技术（remote sensing technology）的结合即无人机遥感技术（unmanned aerial vehicle remote sensing technology）。无人机遥感技术将先进的无人驾驶飞行技术、遥感传感技术、遥测遥控技术、通信技术、GPS差分定位技术和遥感技术进行集成，能自动化、智能化、专题化快速获取国土、资源、环境等专题数据，完成遥感数据处理、建模和应用分析。其最大的特点就是机上没有驾驶员或者操控人员，比有人机更加适合执行"枯燥""肮脏""危险"的"3D"任务，无人员伤亡的顾虑。此外，无人机还有其他技术所没有的特点：①成本低，效费比好；②适应性强；③机动性好。无人机低空遥感技术获取空间数据是继航天、航空遥感技术后发展起来的一种新手段，可以达到影像实时传输、长时间飞行、探测危险地区的目的，同时成本低、机动性好，有力地补充和增强了卫星遥感与载人航空遥感的一些不足，表1-1展示了不同遥感平台的应用特点，表明了无人机在应急测绘方面的巨大优势。

表 1-1 不同遥感平台的应用特点

对比项目	卫星遥感	航空遥感	无人机遥感
覆盖范围/km²	10～100	10～100	0.1～1
第一时间获取数据能力	过境时间固定	易受空域和天气条件制约	灵活机动
重复观测精度/d	1～10	1～3	1
高空分辨率观测精度	m	cm	cm
全天候全天时观测能力	一般	一般	较高
数据成本	较高	高	低
系统建设成本	极高	较高	很低

随着国内民用无人机政策的规范和低空空域改革的深化，我国民用无人机行业将获得突飞猛进的发展，"无人机+"与"互联网+"类似，通过与传统行业跨界融合，开辟新"蓝海"。如何建立基于无人机遥感数据获取、信息提取、统计分析及集成开发的技术体系，形成"无人机+台风应急管理"应用既是应急管理工作的技术需求，也是智慧城市探索的重要方向。本书以"莫兰蒂"超强台风灾后无人机遥感技术在厦门市集美区、翔安区、同安区、思明区 4 个区应急测绘、重建及违章建筑监管方面的相关应用为工作基础，研究借助成套化无人机航拍、数据处理及信息资源开发利用技术，从城市应急及灾后管理两个层面展开研究工作。本书的研究意义体现在以下几个方面。

（1）基于无人机获取的厘米级高精度正射影像，以及三维点云、航拍视频、倾斜摄影、720°全景等多样化成果集成应用，拓展台风灾情应急信息获取内容与处理的深度，建立成套化无人机台风应急与管理信息获取、处理与成果编制技术体系，为果断处理救助和救援工作，以及防止事态的进一步恶化、事后救治的应急管理提供信息支持。

（2）面向灾情分析、灾后修复及违章建设监管等工作，集成应用空间分析、移动 GIS、WebGIS 技术及相关业务流程，实现对无人机遥感获取的相关数据成果的可视化分析与应用开发，促进无人机遥感技术与空间信息前沿技术融合，以及相关数据成果开发利用，为危机管理的缩减、预备、反应、恢复提供平台支持，为智慧城市提供有益的实践探索。

（3）提高防台风的应急管理能力是防台风灾害的永恒课题。通过空间分析、移动 GIS、WebGIS 技术及相关业务流程对无人机遥感获取的相关数据成果进行可视化分析与应用开发研究，建立与目前高精尖台风应急测绘软硬件设备发展相匹配的信息加工、分析及开发应用技术手段，使得无人机遥感作为台风应急管理先进手段，更加成套化、系统化，更加具有适用性和广泛性。

1.2 国内外研究综述

作为采集地球数据及变化信息的重要手段，遥感在资源探测、环境监测等方面得到了广泛应用。其工作原理是传感器在非接触目标物的情况下通过电荷耦合元件获取经地表反射和发射的电磁波信息，并将这种信息以数字形式记录。由于其获取信息范围广、速度快、周期短，具有良好的经济性，且受条件限制少等，所以自诞生以来就被广泛应用于洪涝、地质、冰雪、森林火灾、台风等灾害研究中。其中，台风是全球发生频率最高的灾害之一，且影响沿海城市、人口及经济密集区，因此其造成的伤亡和损失也往往最大。此外，强台风侵袭往往伴随着大范围的洪涝灾害和由此导致的山崩、泥石流和滑坡等次生灾害。由于台风灾害应急管理的驱动及遥感技术在灾害应急领域的优势，遥感技术被广泛地应用在台风灾害调查、实时监测和灾情评估等领域。

遥感技术最早被运用在台风中心、路径的监测及其他参数的可视化领域。20 世纪 60 年代起，受气象卫星遥感和微波遥感技术突破的影响，兴起了以卫星云图和微波散射计为主要监测手段的台风监测研究。Hayden（1993）研究了基于 CMSS/NESDIS 的云导风推导中的自动质量控制,为解决云导风用于台风中心定位的关键问题做了铺垫。Guo 等(2002)通过 QuikSCAT 散射计测量热带风暴发生时海面后向散射系数,获得极端风速条件下的地球物理模式函数,并将降雨率作为风场反演模式函数的参数之一。Piñeros 等(2010)利用地球同步卫星(GOES-12)5km 分辨率的长波(10.7μm)红外线(IR)影像,来区分热带气旋形成时发展中和非发展的云团。Ebuchi 和 Graber(1998)通过比较 NSCAT-1 反演的风速和浮标数据,指出 NSCAT-1 模式函数反演的风速与真实值之间的关系,指出 NSCAT-1 获得的风矢量数据在海洋学模式、气象数值预报、数据同化应用领域广阔的应用前景。在国内,许健民和张其松(2006)详细地介绍了云导风推导及其最新的应用进展,同时也指出了云导风在台风中心定位中的前景。余建波(2008)利用 FY-2C 卫星云图进行云的分类识别及台风的分割和定位,取得了良好的效果。刘正光等(2003)提出了利用云导风矢量图得到与台风移动的矢量大小和方向一致的最密集区,经过数学形态学处理后得到台风中心的方法。林明森等(2014)将 HY-2 卫星观测到的海面风场与 FY-2E 卫星云图进行融合展示,并将 HY-2 卫星观测到的海面风场与 ASCAT 反演的海面风场和浮标提供的观测数据进行对比验证,多方面的定量分析显示出 HY-2 卫星海面风场观测的有效性和在台风监测中的优势。邹巨洪等(2009)对 Holland 台风模式做了修正后,已经将其应用到对台风路径和强度的监测中,并结合 QuikSCAT 对台风的实时观测资料得出台风的强度和台风的路径信息,结果显示他计算的台风路径结果与美国国家飓风中心(National Hurricane Center,NHC)得出的台风路径信息基本一致。胡潭高等(2013)首先对遥感技术在台风监测方面的应用进行了全面的论述,并结合最近几年的观测资料,如对遥感气象卫星影像、地面监测站点数据进行了分析,提出要加强多源数据的集成与融合及台风实时监测管理应用系统的建设。

由于台风监测应用整体研究空间尺度较大,上述研究采用的遥感产品空间分辨率均较低。随着遥感技术的发展,遥感影像的空间分辨率不断提高,识别地物的能力也更强、更准确,其在快速、准确地识别出受灾体等领域具有天生的优势。因此,其被逐渐扩展到对一些受灾对象的解译与对灾害的评估上。例如,Wang 等(2010)利用一种快速的灾害评估算法,结合 MODIS 影像评估了"卡特里娜"飓风影响下森林的损坏情况。为了提高救灾部分快速反应的能力和及时移除倒伏的树木,Szantoi 等(2012)利用 Leica 数字航拍传感器(ADS40)和高精度的数据影像开发了一个快速检测倒伏树木情况的工具,用于飓风影响下城区树木损毁情况的统计。Sarangi 等(2015)利用 2013 年生产的海洋二号卫星(Oceansat-2)的海洋色彩监测(ocean colour monitor,OCM)和 MODIS-Terra 传感器拍摄的叶绿素影像,对"Phailin"气旋影响下的印度 Odisha 沿岸及 Bengal 水域的北海湾浮游植物的分布进行了分析,发现"Phailin"气旋前后,浮游植物的分布发生了显著的变化。在同一地区,Haldar 等(2016)利用多时相的 SAR 影像资料分析了"Phailin"气旋及其后连续降水对水稻种植区的影响,评估了洪水淹没的水稻种植面积、水稻损失比例及水稻总产量的损失。Negrón-Juárez 等(2014)利用 MODIS 和 Landsat 影像分析了不同空间尺度下,热带气旋对温带森林(美国海湾地区)和热带雨林(澳大利亚)的影响。

我国是受台风灾害影响最大的国家之一。因此,我国在这方面的研究起步也较早,应用较为成熟。张文静等（2009）将卫星遥感数据用于风暴潮及其漫滩的计算和预测，取得了较好的实验效果。刘少军等（2010）利用 MODIS 卫星数据判读台风"达维"登陆海南岛前后的植被 NDVI 变化，提取橡胶的 NDVI 变化值，用不同等级表示橡胶的受损程度。在 GIS 软件的支持下，对台风灾害造成的损失的空间分布与最大风速、坡度、坡向做相应的分析。杨东梅等（2015）为了解超强台风"威马逊"对海口市园林树木的破坏程度，对海口市城区的主干道、公园和小区等开展园林树木的风害情况调查。共调查树木 96 种 42396 株，对其进行灾害等级评估，并针对风害原因提出相关对策。任红玲等（2015）以台风灾害前后 HJ-1A/CCD 和 HJ-1B/CCD 卫星遥感影像为研究数据，通过 GPS 采集工具获取训练样本，利用最大似然法对遥感影像进行监督分类，通过 ArcGIS 统计吉林省中部地区玉米倒伏区面积等信息，利用这种方法对台风灾害对玉米的影响进行定量评估。张明洁等（2014）以海南岛台风登陆前后两期 FY-3A 遥感卫星影像为研究数据，利用 ENVI 软件提取影像 NDVI 值，再通过 ArcGIS 软件对 NDVI 影像进行重分类，提取橡胶林倒伏信息，并建立受损等级标准，评价台风给橡胶林造成的影响。

近年来，随着航拍影像技术的进步和普及，尤其是无人机低空拍摄影像技术的进步和普及，高分辨率的航拍影像在应急灾害管理研究中取得了进一步突破。早在 20 世纪 90 年代，Emanuel 和 Anderson（1991）就将无人机应用于热带气旋观测。Jiang 和 Friedland（2015）利用"卡特里娜"飓风灾害后的 IKONOS 全色卫星影像和 NOAA 航拍彩色影像，结合单时相的影像分类方法，用于区分美国密西西比海湾城区受灾区和非受灾区。Li 等（2016）成功地利用无人机在台风"森拉克"周围进行了温度、相对湿度及风速的观测，指出利用小型无人机对台风边缘进行观测是可行的。Pratt 等（2006）利用一架搭载数字摄影机的直升无人机探索了无人机在"卡特里娜"飓风灾害后多层商业大厦损毁情况调查中的作用，指出无人机在灾后数据收集和灾害评估方面具有巨大的潜力。Steimle 等（2009）利用一架近海面飞行的无人机和一架微型无人机对 Wilma 和 Ike 飓风造成的桥梁、海堤及码头的损毁情况进行调查。Li 等（2008）和 Ural 等（2011）利用机载三维激光雷达扫描的 LiDAR 数据评估灾害过后建筑物的损毁情况，取得了良好的成效。Friedland 等（2006）利用航拍影像和地面收集数据集成的方法，分析了"卡特里娜"飓风影响下建筑物的损坏情况。Adams 等（2014）利用无人机收集 2012 年 3 月 2 日 EF-3 龙卷风后美国亚拉巴马州北部地区的受灾影像，指出与传统航拍影像相比，无人机收集的影像分辨率有数量级的改善。在国内，Lu（2016）应用无人机和摄像测量法监控台湾澎湖沿岸沙滩地形的变化，发现台风和沿岸设施对该地区的地形变化起重要作用。Wu 等（2013）利用无人机低空航拍、摄影测量及 VBS-RTK 技术测量了由台风"莫拉克"造成的 Leye 崩塌地区参考控制点和三维高程数据。李云等（2011）利用低空无人机技术在第一时间对灾害区域进行拍摄，并获取高清正射影像图，以正射影像图为研究数据，利用目视解译的方法对灾区影像进行损毁地物判别，在灾害救援与灾后评估方面做出了突出贡献。郑秀菊（2012）深刻分析了低空无人机技术在测绘中的应用，并肯定了其优越性和在灾害应急测绘中的重要性。周晓敏等（2012）介绍低空无人机遥感影像的处理流程，并对无人机影像后续处理的技术方法、流程及关键技术环节进行探讨，对处理后的遥感影像进行了可靠性和可行性分析。尹杰和杨魁（2011）研究了无人机影像快速处理的方法，并对低空无人机遥感影像的半自动分类进行了深入研究。陆博迪等（2011）探讨了无人机在重大自然灾害中的应用，分析了无人机航摄的影响因素，并总结出无人机在灾后识别损毁建筑物的重要准则。王衍等（2015）论述了无人机在台风救灾中的应用，以及无人机的灾损制图流程，以无人机遥感影像为研究数据对文昌市铺前镇木兰头一带岸线进行台风灾害监测分析，论证了无人机应用于自然灾害应急救援具有广阔的发展空间和应用前景。

然而，当前遥感技术多应用于台风监控及灾后影响评估，与灾后恢复及日常的城市管理（如违章建设监管）等结合较少，且遥感影像资料本身缺乏必要的属性内容，很难对其进行更深入的分析和应用。另外，与移动GIS、WebGIS技术结合较少，无法得到广泛群体的响应，相关研究影响力受限。为此，国内外一些研究者和机构进行了探索性的研究。例如，Fang等（2008）设计了一种基于卫星遥感数据的灾害信息系统框架，实现了在线灾害监测及预警预报。Tsai等（2012）构建了一种基于固定翼无人机的台风灾后信息收集系统，该系统除了常规的传感器模块、飞行控制模块及视频监控模块以外，还集成GPS/INS子系统，为用户提供了直接的影像配准模块。Chen和Bai（2011）为了实现不同种天气信息的及时发布，构建了一个包含天气预报、台风实时路径信息、气象卫星云图、雷达影像数据的集成发布系统。福建省人民政府防汛抗旱指挥部办公室通过整合遥感气象卫星、气象云图、气象监测站数据，构建了一套台风实时预测预警系统，该系统的建立有效地降低了人员伤亡和经济损失（吴金塔和庄先，2003）。郑晓阳和高芳琴（2007）收集了上海从1999年以来的所有台风信息和监测数据，并且在大量数据的基础上构建了基于WebGIS的台风信息服务系统，该系统主要包括路径模块、预警模块、测量计算模块、查询统计模块和影响半径分析模块。该系统的建立为水情预报和防汛指挥部门提供了科学的决策依据。张广平等（2014）结合遥感数据，利用WebGIS技术构建了一套有效应对台风灾害的指挥管理系统，实现了台风灾前预警预报、灾中实时监控、灾后灾害损失统计等功能，并整合关联了工情管理、预案管理、防风物资管理、抢险队伍管理、灾害统计管理等业务功能，实现了台风灾害的一体化管理。

1.3 研究目标与研究内容

1.3.1 研究目标

根据多种机型及其配套技术在正射影像、航拍视频、数字地表模型（DSM）、720°全景、倾斜摄影等方面的多样化航拍成果，将其应用在台风应急与管理的各个环节，通过应用实践建立面向台风应急与管理的成套化无人机遥感技术体系与应用框架。

基于无人机遥感相比于卫星数据在分辨率上数量级的改善及多样化成果，研究根据无人机遥感数据识别的受灾体的空间与属性信息，建立集成数据库及统计制图方法，针对量大、面广且危害性较大的受灾体开展专题分析，构建受灾体无人机遥感解译、建库、统计、制图、分析的应用体系。

面向灾情分析、灾后修复及违章建设监管等工作，集成应用空间分析、移动GIS、WebGIS技术及相关业务流程，建立集成化的台风灾害应急及管理GIS平台。

1.3.2 研究内容

本书基于成套化无人机航拍及处理其信息资源开发利用技术，从城市应急及灾后管理两个层面展开一系列研究工作。具体包括以下内容。

第一，基于无人机遥感系统获取的厘米级正射影像，建立树木、路灯、电杆、农棚、厂房、民房、积水区等多目标受灾体的无人机影像解译标志，设计无人机应急制图的信息内容、符号表达、图件版式，解译并编制灾损数据库。以"莫兰蒂"超强台风灾后影像航拍资料、历史遥感数据、地名、行政区划为数据基础开展系列图件制作，为"莫兰蒂"超强台风灾后应急救援与协调决策提供直观、全面的第一手信息资料。

第二，针对台风中损失较为严重的树木和建筑两种对象，在解译数据库的基础上，结合影像分析、地面调查、三维激光扫描技术等手段，扩充属性内容，并进一步进行专题分析。在树木受损专题方面，对倒伏树木的受损等级、树木大小及树木存在的二次伤害等进行属性分析，利用三维激光扫描技术测算抽样倒伏树木的树高、胸径，并计算林地的材积容量。在建筑受损专题方面，对屋顶受损情况进行统计与空间分析，采用三维激光扫描技术制作损毁与修复重建的点云模型，编制损毁建筑部件调查清单。

第三，针对大批量城乡风貌房屋外立面改造工程资金核算、规划管理与项目管控的需要，建立基于航拍与点云数据获取，以及总平面图、外立面图制作、编码的技术方法，开发构建集总平面图，外立面图，立面现状及规划、施工效果图为一体的房屋外立面改造 GIS 系统，为灾后城市修补工程的规划、管理提供快速、精准、透明的集成化技术平台。

第四，针对违章搭盖造成的受损最严重的建筑带来的铁皮飞、车架被砸、玻璃被砸等不良后果，如何防止违章搭盖建筑的重修重盖，让广大市民不再受这些危险建筑的危害、减少国家和民生的损失，使得市容市貌恢复到原本的状态，是防灾减灾的"治本"工作。采用无人机动态航拍数据，首先通过动态 DSM 数据获取高程变化 2~8m 的图斑，将其作为初筛目标，其次叠加两期动态正射影像进行人机交互解译，快速提取建筑扩展、新建及拆除三种类型的范围，再次开发现场勘查移动 GIS 软件，采用 WebGIS 对航拍影像、解译成果及地面调查信息进行集成发布，最后构建能够实现精准管理且能对违章搭盖形成有效震慑作用的监管平台。

第五，如今大多数台风研究是在卫星影像基础上进行灾情分析，时效性弱，分析方式不够深入、灾情信息内容不够系统。本书设计架设 PostgreSQL 数据库、Tomcat 与 ArcGIS Server 服务器，并结合 Echarts 图标库、Leaflet 交互式地图库等技术开发实现完整的台风应急响应系统。该系统通过集成应用空间分析、移动 GIS、WebGIS 技术及相关业务流程对无人机遥感获取的相关数据成果进行可视化分析与应用开发，实现了台风灾情监测、数据处理管理分析及灾情可视化展示等功能。

1.4 技术路线与技术方法

本书的技术路线如图 1-1 所示。

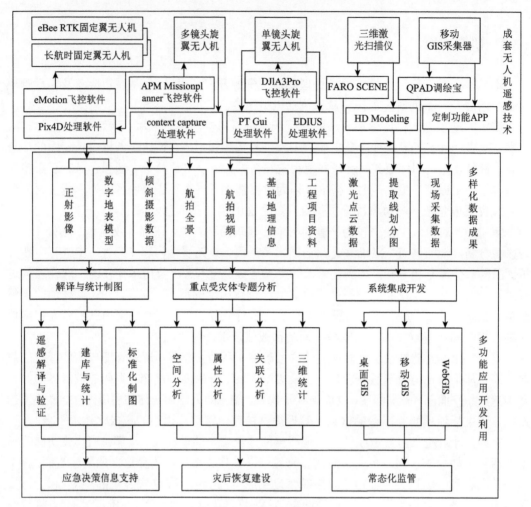

图 1-1 技术路线图

主要技术方法如下。

第一部分：数据的获取。采用 eBee RTK、PROPHET 两款固定翼无人机遥感系统获取受灾区的厘米级正射影像及数字地表模型数据，其中 eBee RTK 固定翼无人机主要用于起降场地选区相对困难的区域，PROPHET 长航时固定翼无人机用于较大面积区域的数据获取。采用云上晴空多镜头倾斜摄影无人机遥感系统进行倾斜摄影数据的拍摄与制作。采用带变焦镜头的相机获取高清晰度视频与照片，制作重点受灾区的航拍视频与 720°全景，主要用于辅助正射影像灾情解译标志的建立、属性的细化调查及灾情的三维展示。

同时，采用 RARO Focus 3D 地面三维激光扫描仪系统获取倒伏树三维参数的抽样调查，获取建筑点云数据，用于编制建筑整体受损的部件清单，以及外立面改造规划与监管的相关图件。根据 QPAD、Qmin 移动 GIS 采集终端设置与无人机遥感数据统一的坐标系统，以及自定义的属性字段内容，对灾情解译验证及属性细化开展调查。

第二部分：分析与制图。将航拍正射影像进行拼接、匀光等处理后，用 ArcGIS 对树木、路灯、电杆、农棚、厂房、民房灾损与积水区进行解译和统计制图，针对村、镇两级行政单元，以及道路沿线、停车位周边缓冲区开展统计分析，叠加利用历史遥感数据、地籍图数据、POI 数据、行政区划图、人口分布图，以及"莫兰蒂"超强台风重点受灾区的航拍正射影像、数字地表模型数据、倾斜摄影、航拍视频、空间分析与多属性的关联分析，采用三维激光扫描技术、倾斜摄影技术、移动 GIS 采集损毁树木、建筑细化信息，并开展专题分析。

第三部分：系统集成开发。采用 C#+AE 集成基于航拍正射影像和激光点云数据及由其派生的建筑平面、建筑立面、规划图和施工后的效果图资料，构建建筑外立面改造工程管理 GIS 平台。基于多期航拍正射影像和数字地表模型及由其派生的建筑变化图斑数据库，以及 PostGIS 数据库和 OpenGeo 套件实现违章建设的现场勘查系统和网络监管平台的开发与集成。

第 2 章 受灾区灾情无人机遥感航拍与制图

2.1 研究概述

台风灾害的严重性、多发性已为世人所瞩目，其造成的危害极大，具有很强的破坏力，台风与热带风暴袭来时，往往伴有狂风、暴雨、巨浪和风暴潮（Mei and Xie，2016），因此台风造成的巨大链型灾害所呈现的影响范围广、受灾类型多样化如图 2-1 所示。台风后建筑垃圾、绿化垃圾及积水使道路受阻，加上二次灾害的影响，给人和车的通勤造成极大的困难，因此受灾对象的量大面广及环境条件的高度复杂是救援和决策工作难以及时有效开展的主因（国家海洋局，2017）。在无人机遥感分辨率得到数量级改善的技术条件下，如何及时全面探测发现灾情及直观完整呈现灾情是首要解决的技术问题，本章介绍基于固定翼和旋翼无人机获取灾后第一手遥感资料的实施方法，基于对厘米级正射影像的分析，建立树木、路灯、电杆、农棚、厂房、民房、积水区等多目标受灾体的无人机影像解译标志，设计无人机应急制图的信息内容、符号表达、图件版式，解译并编制灾损数据库。

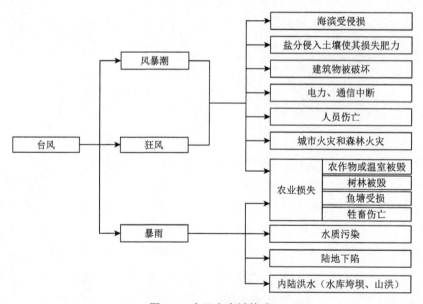

图 2-1 台风灾害链构成

2.2 正射影像航拍及处理

2.2.1 正射影像航拍

eBee RTK 固定翼无人机外业航拍包括航拍区域确定（表 2-1）、航线规划、实地踏勘、实地飞行。其中航拍区域确定和航线规划是内业处理任务，外业主要是实地踏勘和实地飞行。实地踏勘包括起飞降落点的确定、现场情况分析和像控点布设。飞控软件所使用的地图与实际地形的差别还是很大，有些地方变形还是比较严重，需要通过现场踏勘来确定飞行范围和飞行是否安全；虽然 eBee RTK 固定翼无人机具有一定的抗风性能，但风力强度对无人机的飞行时间有很大的影响，其在风力较大的情况下不易飞行或飞行时间短。

表 2-1 航测区域范围

区域	航测范围（4 个坐标点围成的区域）
灌口镇	24°38′N，117°58′E—24°38′N，118°1′E—24°35′N，118°1′E—24°35′N，117°58′E
集美街道	24°35′N，118°5′E—24°35′N，118°7′E—24°33′N，118°7′E—24°33′N，118°5′E
侨英街道	24°38′N，118°6′E—24°38′N，118°7′E—24°35′N，118°7′E—24°35′N，118°6′E
翔安区	24°35′N，118°14′E—24°35′N，118°26′E—24°32′N，118°26′E—24°32′N，118°14′E 24°34′N，118°18′E—24°34′N，118°22′E—24°32′N，118°22′E—24°32′N，118°18′E

像控点的布设是为后期的影像处理做准备，为了使航拍的正射影像坐标更加准确，在无人机航拍区域内布设像控点，一般布设数量不宜过多，一次航拍区域内布设 5~10 个像控点，像控点不要分布在最外侧的航带，保证像控点能在 9 张航片上且均匀分布即可，由于无人机所拍摄的航拍设置精度为 5cm 左右，所以像控点的位置应选择视野开阔的地点，一般布设在斑马线角点、划线操场线边、交通标志角点等位置，eBee RTK 固定翼无人机自带的定位系统也能获取像控点。

实地飞行的前提是无人机的组装，无人机组装前所有零件是分开的，按照无人机的装配流程组装无人机，图 2-2 为组装好的无人机，无人机的起飞按照飞控软件中的起飞区域进行抛投，然后在 eMotion 2 软件中实时监测无人机的飞行状态信息。

获取高分辨率无人机航拍正射影像的主要任务是航线规划，确定航测范围后利用 Google Earth 得到相应的区域，生成*.kml 文件，可直接导入 eMotion2 软件中，然后布设像控点，以及选择合适的起飞点和降落点。具体航测流程如图 2-3 所示。

图 2-2 组装完成的无人机

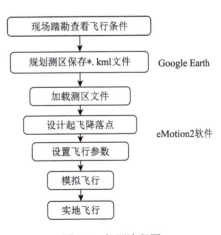

图 2-3 航测流程图

1. 现场踏勘查看飞行条件

这次航拍任务区为厦门市集美区灌口镇,根据实际情况,在"莫兰蒂"超强台风登陆两天后对灌口镇进行现场踏勘,前期踏勘是为了确定当时的实际情况,如风力较小、无遮挡物等。依据灌口镇行政界线确定一小部分北部山脉。

2. 规划测区保存*.kml 文件

确定好测区范围后打开 Google Earth,查询规划区域,由于灌口镇镇域面积大,此次航测划分了多个航测范围,依次航测整体拼接,在 Google Earth 上利用多边形工具将航测范围圈出并保存*.kml 文件。

3. 加载测区文件

打开 eMotion 2 软件,首先要选择类型为 eBee RTK 的无人机,可选择的无人机类型主要是 eBee/eBee Ag、swinglet CAM、eBee RTK 三种,如图 2-4 所示。然后加载*.kml 文件,选择合适的地图和卫星影像,可选择的地图类型有多种,但国内大多将 Microsoft Satellite 作为底图,优点是 Microsoft Satellite 地图在国内投影变形小,其他种类地图的投影变形在国内投影变形较大,底图的不同主要是航测区域内的变形程度不同。

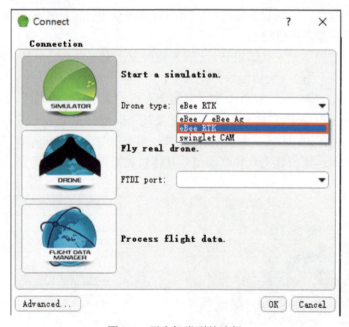

图 2-4 无人机类型的选择

4. 设置起飞降落点

在 eMotion 2 软件中可以通过查询工具找到当前位置,选择起飞点和降落点的依据是保证正常飞行的前提。起飞时应保证周围没有高大建筑物,因为 eBee RTK 固定翼无人机的起飞方式是盘旋上升，可以通过 eMotion 2 软件设置起飞盘旋区域，一般设置到飞手上空，便于随时观察无人机的状态；降落点一般默认是起飞点，但可以设置无人机的返回方向和返回角度，返回方向一般设置为逆风方向或根据当时所处的地理位置来定，eMotion 2 软件上会标注无人机返回到邻近区域时所处的高度，根据房屋高度信息调整返回路径方向，返回扇形角度调整为 1°，如图 2-5 所示。

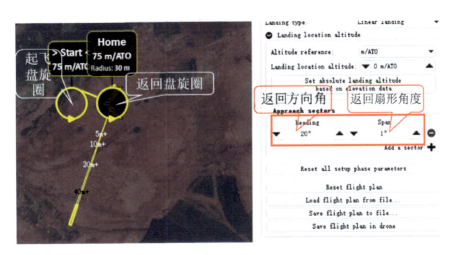

图 2-5 无人机起飞点和降落点设置

5. 设置飞行参数

飞行参数主要包括无人机飞行半径、最长飞行时间、旁向重叠度、航向重叠度、地面分辨率、航线规划；无人机飞行半径是无人机飞行的最大范围，一般设置为 2500m；最长飞行时间根据电池损耗情况来衡量，新电池放电次数少，最长飞行时间为 45min，旧电池放电次数多，放电时间缩短为 30min，为保证无人机飞行安全，设置最长飞行时间为 30min；设置航向重叠度和旁向重叠度是后期数据处理的关键，也与航线密度密切相关，一般都设置到 80%，以保证飞行数据的可行性；地面分辨率一般设置到 5cm/px，是保证后期正射影像分辨率的关键，由于无人机搭载的是固定相机，所以飞行高度受分辨率的影响，当设置到 5cm/px 时，飞行高度为 176.6m；eMotion 2 软件可以针对规划区域自动生成航线，可以人工对其加以调整，飞行时间也能在 eMotion 2 软件上预估得到，如图 2-6 所示。

6. 模拟飞行

模拟飞行的目的是检验航线规划是否可行，在模拟飞行过程中可以通过 eMotion 2 软件实时监测无人机的飞行状态、飞行高度、电池电量、地点范围等信息，如图 2-6 所示。由于 eMotion 2 软件底图无高程信息，因此无法三维监测无人机的高程动态，但 eMotion 2 软件可以链接到 Google Earth 上，Google Earth 影像显示无人机三维情景下的飞行状态，如图 2-7 所示。

图 2-6　航线规划和飞行时间预估

图 2-7　在 Google Earth 上查看 eBee RTK 固定翼无人机飞行状态

2.2.2　影像处理

1. 正射影像输出

此次 eBee RTK 固定翼无人机航拍照片后处理是在 eMotion 2 和 Post Flight Terra 3D 中完成的,航拍照片后处理是制作正射影像图的关键,后处理的规范性和准确性是保证正射影像精度的前提。完整的航拍数据包括航摄照片和航行日志,两者都存储在无人机储存卡中,航行日志包括航线数据、飞行姿态数据、传感器数据、GPS 定位信息、控制和输出等,格式为 SERIAL_****.bbx。正确操作 Post Flight Terra 3D 软件能输出高分辨率正射影像图。以下为得出正射影像的流程。

1）数据准备

数据准备即拷贝航片及航行日志信息。通过 USB 数据线将电脑与无人机相机接口连接起来，打开无人机电源，指示灯为白色，在电脑上安装新的驱动，将无人机内的航片和航行日志复制到电脑新建文件夹中。图 2-8 为数据后处理流程图。

2）建立工程

复制的航片及飞行日志是单独分开的，需要将航片和航行日志联系起来。打开 eMotion 2 软件中的 Flight data manager 选项，窗口会弹出“是否在该电脑中试飞”，选择“否”，然后选择 Import and process flight data now，选择 The flight was monitored from another computer，设置工作路径及选择工程名称和模式，选择下一步导入航行日志*.bbx 文件，再下一步导入航片文件，软件自动将航行日志和航片匹配，此时会显示匹配的正确率，达到 100%时正常的匹配结果如图 2-9 所示，点击处理即可生成 P4D 过渡文件。

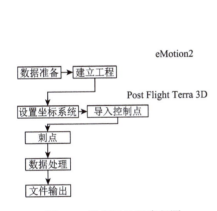

图 2-8　数据后处理流程图

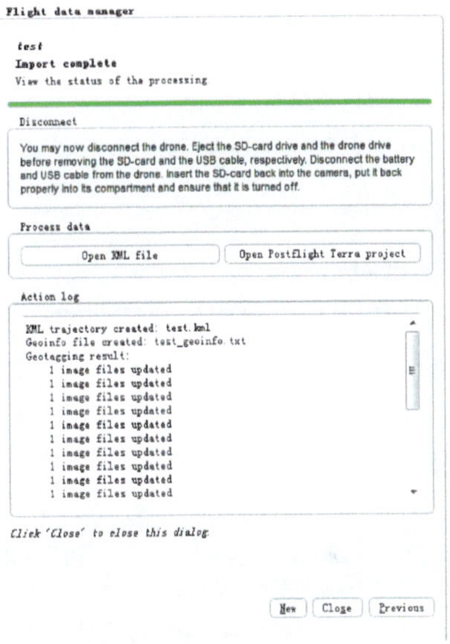

图 2-9　生成 P4D 过渡文件

3）设置坐标系统

在 eMotion 2 软件中生成 P4D 过渡文件后，在 Post Flight Terra 3D 中处理航片和生成正射影像图，首先要设置影像的坐标系统，Post Flight Terra 3D 软件默认的坐标系统是 WGS 84 坐标系统，ArcGIS 中能输出后缀名为.prj 的坐标投影文件，Post Flight Terra 3D 能识别此文件格式，依此来修改成需要的坐标系统。

4）导入控制点

导入控制点又称刺点，即导入外业测量的控制点信息，将制作影像的坐标系统转换为测量控制点坐标系统，对生成影像的正确性尤为重要。首先制作控制点文本列表，如图 2-10 所示，控制点的 X、Y 坐标是数学坐标系下的 X、Y 坐标，因此需要反向输入坐标。点击 GCP/Manual Tie Point

像控点坐标 - 记事本
文件(F)　编辑(E)　格式(O)　查看(V)　帮助(H)

点名,东坐标（X）,北坐标（Y）
1,2717347.0000000,610609.0625000
2,2718613.5000000,609688.8125000
3,2719716.7500000,610108.4375000
4,2719336.5000000,611687.5625000
5,2718487.2500000,611749.8750000
6,2718019.5000000,611523.3750000
7,2718235.2500000,610691.5000000
8,2719112.0000000,610946.0625000

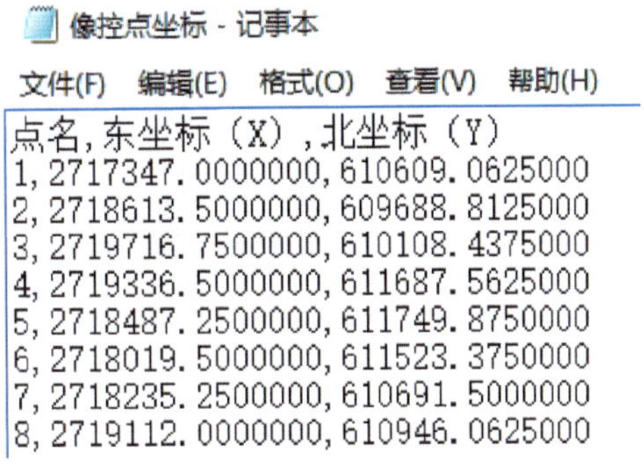

图 2-10　控制点文本列表

Manager 工具进行控制点校正，点击编辑选择控制点文件格式为.txt，选择 Basic Editor，软件会根据控制点坐标自动匹配到可能存在控制点的航片，并按照顺序排列，如图 2-11 所示，在右侧窗口对控制点的位置进行调整，每个控制点要选择两张以上照片，使导出影像变形更好。

图 2-11　刺点过程

5）数据处理

刺点完成后，对影像进行处理，点击 Process/Local Processing，勾选 1、2、3 步进行影像处理及输出，输出格式为*.tif，影像输出分辨率保持不变，影像数据处理流程如图 2-12 所示。这个过程处理消耗时间较长，对电脑配置要求高，为保证电脑运行和输出图像质量，选择分区域输出，再进行整体拼接，图 2-13 为拼接后的正射影像图。

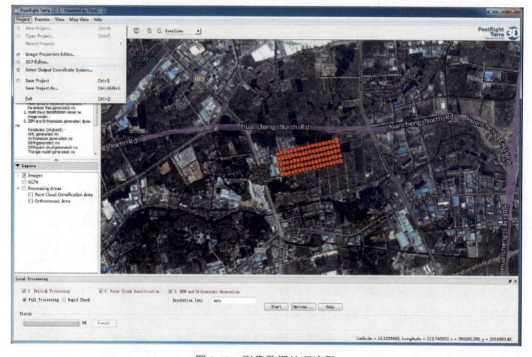

图 2-12　影像数据处理流程

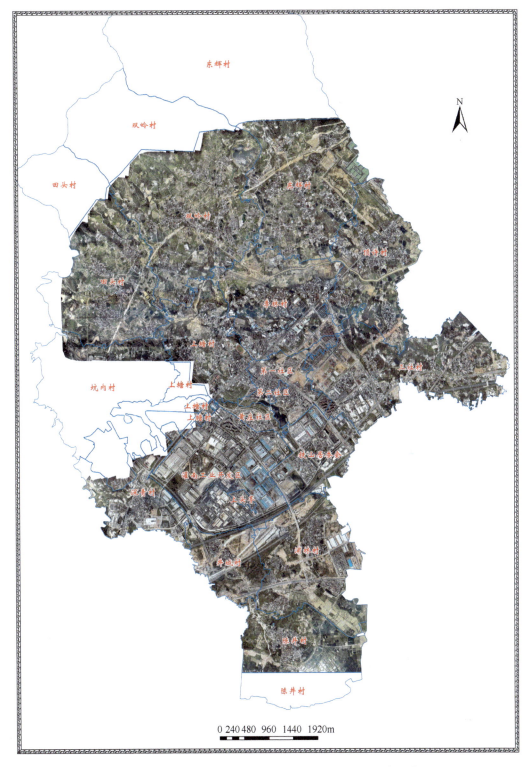

图 2-13 集美区灌口镇台风"莫兰蒂"超强台风灾后正射影像图

2. 正射影像匀色及无缝拼接

无人机在航拍过程中，由于受拍摄角度、光照强度、天气情况等因素的影响，输出的低空遥感影像往往会有色差，在相邻影像重叠区存在明暗差异和变形程度差异，此时需要对遥感影像数据进行匀色和无缝拼接处理。

本书利用影像直方图匹配的方式对遥感影像进行匀色处理，直方图匹配的重点是选择色调合适的单个影像，灌口镇土地面积大，输出的影像达 50 多张，从中选择一张无色差及色相较好的影像较容易，通过 ArcGIS 中的直方图匹配功能，以选择影像为模板，对所有影像进行直方图匹配，利用 ArcGIS 中的镶嵌工具直接进行影像的无缝拼接，输出色差较小的正射影像图件，图 2-14 为镶嵌匀色前后的对比图。

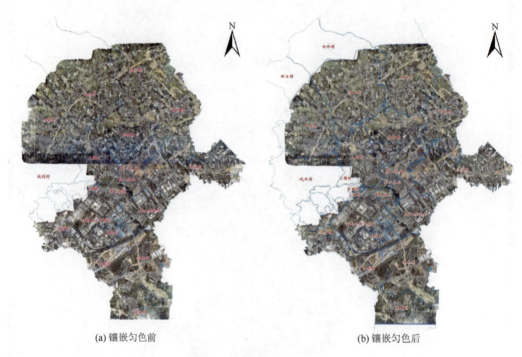

(a) 镶嵌匀色前　　　　　　　　　(b) 镶嵌匀色后

图 2-14　镶嵌匀色前后对比图

2.3　灾情解译及精度验证

2.3.1　建立解译标志

遥感影像目视解译包括解译人员目视解译和计算机辅助下交互式解译两种（江涛，2010）。解译人员目视解译主要依据地物在遥感影像上的解译要素，以及各种特殊地物的时间特征和空间特征，对地物目标进行识别和提取特征信息（朱敏等，2010）；计算机辅助下交互式解译是绘图人员根据地物的光谱特征、形状、大小等信息获取样本信息，再利用计算机自动识别出该地物，由于遥感图像存在异物同谱和同物异谱现象，出错概率大，因此研究采用解译人员目视解译的方式进行。

此次台风影响巨大,在获得研究区正射影像后,建立解译标志是预估台风灾害的关键,在现场踏勘了解受损类型后建立了 9 种解译标志,解译标志分别为倒伏树木(倒伏散树)、倒伏树木区、民房损毁区、厂房损毁区、积水区、农棚损毁区、倒伏路灯、倒伏电杆、重点防护树木。

倒伏散树:倒伏散树的空间特征较明显,如图 2-15 所示,与正常树木差别较大,一般能在正射影像图上看到树木根部,露出较大部分树干的单棵树木,稀疏林区能看得清棵数的林区,树木树冠整个折断的单株树木。

倒伏树木区:村庄外围和农田周围存在不易分清倒伏树木数量的大片林区,但是在航拍正射图上能分清倒伏树木的边界,此次台风巨大,大多数林区树木倒伏,人员不易进入,如图 2-16 所示,在此情况下区分倒伏区界线和计算出倒伏区面积对树木扶正救援意义重大(方雅琴,2013)。

图 2-15　单棵倒伏树木解译标志　　　　图 2-16　大面积倒伏树木解译标志

民房损毁区:民房屋顶损毁主要发生在棚房和瓦房,主要损害是屋顶出现漏洞和整个屋顶被掀掉,部分情况是整个房屋倒塌,如图 2-17 所示,这种情况需要借助灾前遥感影像进行判别。民房中的损毁对象主要是老旧房屋,由于村庄外围风力大、无遮挡物,因此村庄外围灾情较严重。

厂房损毁区:灌口镇是工业大镇,大型工厂较多,大多数厂房是钢结构房屋,抗风能力差,出现损毁的概率较高,由于"莫兰蒂"超强台风风力大、破坏性强,灌口镇大部分钢结构厂房屋顶出现破损,分布较为零散的厂房出现屋顶全部被掀翻的情况,如图 2-18 所示。高空间分辨率影像能准确识别厂房屋顶局部破损或者由整个屋顶缺失造成的损毁。

积水区:强台风一般都伴有强降雨,台风过后两天,对灌口镇部分地区进行现场勘查时,发现仍有一些区域存在积水现象,也有一些区域积水面积较大。由于水的反射率非常低,吸收率较高,所以遥感影像上大多呈现出黑色,如图 2-19 所示,积水区以高空间分辨率无人机低空遥感正射影像图为主,结合灾前遥感影像分辨出积水区范围并计算积水区面积。

图 2-17 民房屋顶损毁解译标志

图 2-18 厂房屋顶损毁解译标志

图 2-19 积水区解译标志

农棚损毁区：灌口镇农业种植面积大，农棚种植业发达，农业大棚具有地域性，分布在居民区外围农田中，由于其材质特殊（大多为塑料制品），易破损，如图 2-20 所示，此次台风威力巨大，在高分辨率无人机低空遥感图上能清楚分辨损毁范围并计算损毁面积。

倒伏路灯：路灯纹理较特殊，反射率高，一般为白色，具有一定的外形和颜色，降低了解译人员目视解译的难度，并且具有一定的地域性，分布在道路两侧，如图 2-21 所示，在高分辨率低空遥感图上容易区分，能方便地标出其具体位置并统计其个数。

倒伏电杆：倒伏电杆具有一定的纹理和颜色，一般为长条柱形，颜色多为灰色，并且大多数以多个形式存在，连接有致，如图 2-22 所示，在高分辨率低空遥感图上标出倒伏电杆位置，有利于抢修电网，减少损失，并能统计出倒伏电杆数量，计算抢修时间。

重点防护树木：防止倒伏树木造成二次伤害（倒伏树木对其他物品造成伤害），容易导致二次伤害的树木一般分布在房屋、道路旁，其容易造成房屋损毁、公路设施损毁、道路堵塞、电力破坏等，如图 2-23 所示；及时确定重点防护树木所处的地理位置，对灾后重建意义重大。

图 2-20 农棚损毁解译标志

图 2-21 倒伏路灯解译标志

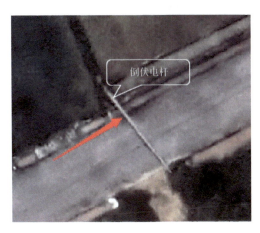

图 2-22 倒伏电杆解译标志

图 2-23 重点防护树木

根据上述 9 种解译标志解译整个灌口镇遥感影像。由于应急测绘具有时效性，因此解译工作必须分工合理，任务明确。在民房损毁、倒伏电杆、倒伏路灯解译过程中容易出现误判漏判的情况，因此需反复交错检查各解译区域，整体统计各损毁地物的数量或面积，输出灌口镇"莫兰蒂"超强台风灾情损毁信息。

2.3.2 解译精度验证

1. 解译精度验证流程

利用 QPAD 移动 GIS 数据采集工具对台风灾后无人机正射影像解译成果进行精度验证，整体分为外业数据采集和内业数据处理两个部分，所以整体流程也分为移动 GIS 和电脑软件数据处理两部分，如图 2-24 所示。

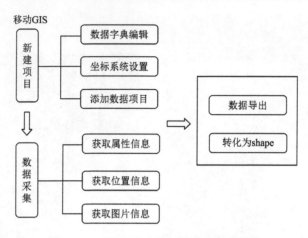

图 2-24 QPAD 移动 GIS 数据采集流程图

此次解译精度验证采用的是 QPAD X3 移动 GIS 数据采集器，在进行外业采集前要建立新的项目，设置坐标系统、编辑数据字典和添加项目数据。

1）新建项目

坐标系统默认设置为 WGS84 坐标系，可以切换其他坐标系统，为方便内业数据处理采用 WGS84 坐标系统，投影采用高斯-克吕格投影，采用 3°带，中央子午线依据厦门地区经度范围采用 117°E，其他值默认。编辑数据字典是指添加项目图层，依据台风灾情解译要素类添加倒伏散树、倒伏树木区、厂房损毁区、民房损毁区、农棚损毁区、积水区、倒伏路灯、倒伏电杆、重点防护树木 9 个图层，编辑图层类型和符号，并添加属性字段，添加属性字段，见表 2-2。

表 2-2 解译对象图层外业调查属性表

字段名称	名称备注	字段类型	备注
XH	序号	浮点	调查对象的编号信息
X	X 坐标	双精度	调查对象的 X 坐标
Y	Y 坐标	双精度	调查对象的 Y 坐标
TP	图片	图片	调查对象的实地图片信息
BZ	备注	文本（200）	周边情况及交通状况说明
YZ	精度验证	文本（200）	标注验证解译对象是否准确

2）数据采集

QPAD 移动 GIS 外业数据采集对象主要是坐标定位和属性内容输入，坐标定位类型采用单点定位的方式进行，QPAD 移动 GIS 数据采集器共有单点采集、平滑采集和自动采集 3 种采集方式，在采集时能查看描述水平误差信息的参数，即 HDOP 值，当 HDOP 值接近 1 时表示误差较小，可以开始采集定位信息数据，在属性栏中填入相应的信息即完成单次数据采集（朱敏等，2010）。图 2-25 为野外验证数据采集过程。

(a) 受灾损农棚状况　　　　　　　　(b) 野外现场数据获取

图 2-25　野外验证数据采集过程

3）数据格式转换

数据格式转换是指将外业采集信息转换成 ArcGIS 要素格式*.shp，外业数据采集原始文件格式为*.ed2，利用对应的地理国情桌面软件进行格式转换，转换完成后即可载入 ArcGIS 软件，如图 2-26 所示。

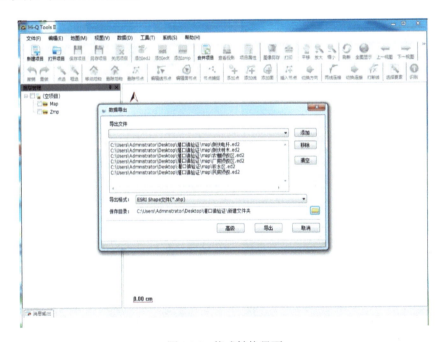

图 2-26　格式转换界面

2. 精度验证及评价

由于灾后环境复杂且解译目标较多，为保障监测数据质量，采用 QPAD 移动 GIS 数据采集器获取验证点位和属性信息，通过数据转换对解译成果进行叠加，并进行解译精度验证，如图 2-27 所示，通过对比实地调查采集数据补充漏判和修正错误，形成最终的解译数据库。

图 2-27　解译精度验证

对验证区域正射影像解译图像进行外业调查，利用 QPAD 移动 GIS 外业数据采集工具对各个类型地物进行属性提取，YZ 字段一栏如果解译准确则标注为 1，若解译错误则标注为 0，利用桌面地理国情软件对采集完的数据成果进行格式转换，输出*.shp 格式文件，由于 QPAD 移动 GIS 数据采集器在采集过程中利用的坐标系与原图坐标系相同，所以能直接套合到解译影像上。由于定位准确性在局部区域相对较差，因此依据实地图片进行点位调整，对采集的 YZ 字段在解译图上进行标注，如图 2-28 所示。对野外验证结果进行统计比较，输出倒伏电杆两个，误判 0 个；倒伏路灯两盏，误判 0 盏；倒伏树木 81 棵，误判漏判共 8 棵；积水区 1 块，误判 0 块；倒伏树木区 13 块，误判 1 块；农棚损毁区 1 块，误判 0 块；民房损毁区 23 块，误判 3 块；厂房损毁区 17 块，漏判两块；总体解译精度为 90.81%。

从验证结果来看，错误主要是由漏判造成的，因此对整幅解译影像进行整体检查十分关键，采用网格法对整幅区域进行划分并细致交叉检查，大大提高了影像解译的精度。

验证表明，利用无人机低空遥感技术对台风灾后的正射影像建立解译标志，对其进行有效的目视解译，能快速、有效、全面了解灾后受灾区域的灾情信息，为台风灾后重建提供了新的依据和可靠的数据来源。图 2-28 为灌口镇研究区无人机影像解译验证叠加图。

图 2-28 灌口镇研究区无人机影像解译验证叠加图

2.4 专题图编制及成果输出

2.4.1 解译成果输出

1. 灌口镇"莫兰蒂"超强台风灾情空间分布与统计分析

灌口镇灾情空间分布与统计分析图主要以灌口镇"莫兰蒂"超强台风灾后无人机航拍正射影像为底图，利用 ArcGIS 制图工具按照解译标志进行目视解译得出，灌口镇地理面积大，为能实际展现高清分辨率无人机航拍正射影像，导出 88cm×110cm 和 A3 纸张大小的地图，如图 2-29 所示。

2. 各村庄"莫兰蒂"超强台风灾情空间分布与统计分析

各村庄"莫兰蒂"超强台风灾情空间分布与统计分析以东辉村为例，如图 2-30 所示，对各村庄进行灾情统计能更直观地反映出局部受灾情况，同时也为救灾任务划分提供更好的依据，有利于救灾任务更好、更快进行。

图 2-29 灌口镇台风"莫兰蒂"超强台风灾情空间分布与统计分析图

① 1 亩≈666.67m²。

第 2 章 受灾区灾情无人机遥感航拍与制图

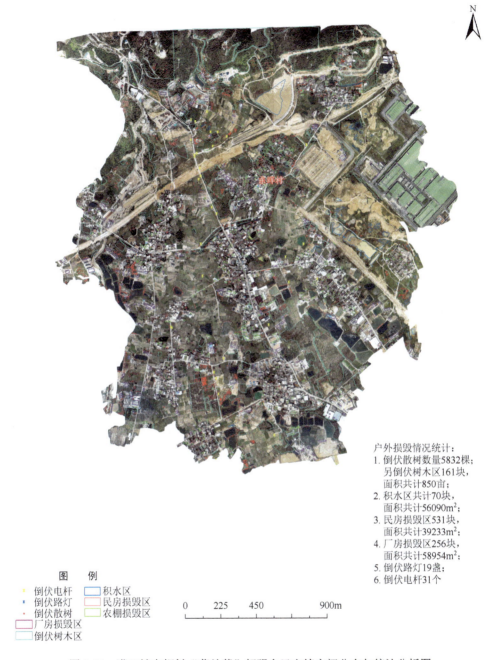

图 2-30 灌口镇东辉村"莫兰蒂"超强台风灾情空间分布与统计分析图

3. 灌口镇各村庄重点防护树木空间分布

灌口镇各村庄重点防护树木空间分布图以东辉村为例,如图 2-31 所示。重点防护树木的类型主要是倒伏树木,其会对周围建筑、车辆、行人安全等造成威胁,即树木的二次伤害,及时、快速地发现重点防护树木,能减少灾情的发生。

图 2-31　灌口镇东辉村台风重点防护树木空间分布图

4. 灌口镇各村庄受灾情况分析统计

灌口镇各村庄受灾情况分析统计主要是用柱状图的形式对灌口镇各村庄各类地物的受灾情况进行表述，如图 2-32 所示。

5. 灌口镇主要道路沿线（50m 缓冲区）台风灾情分布

该台风灾情分布图主要以灌口镇道路矢量数据为基础建立灌口镇道路沿线 50m 缓冲区域，叠加到损毁解译成果图件上，制作道路沿线 50m 缓冲区台风灾情分布图，如图 2-33 所示。

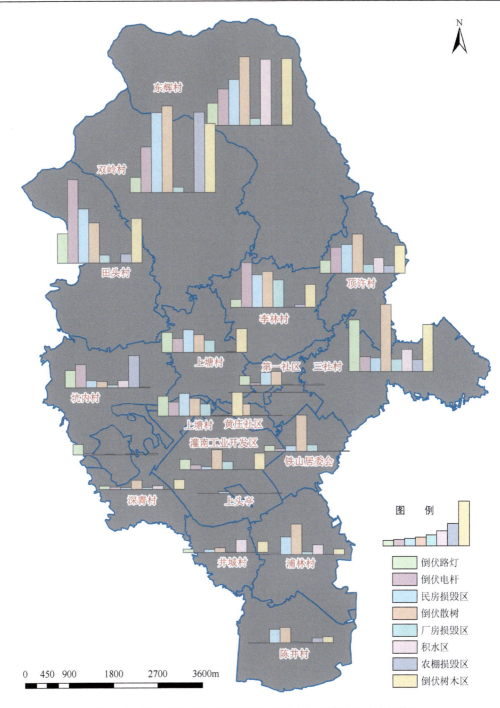

图 2-32 灌口镇各村庄"莫兰蒂"超强台风灾情空间分布与统计

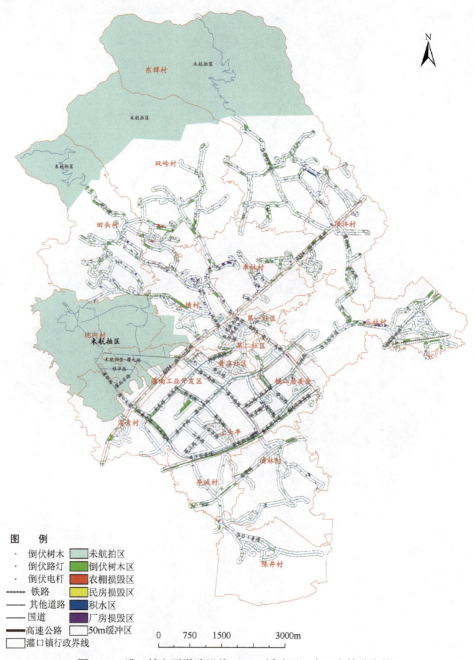

图 2-33　灌口镇主要道路沿线（50m 缓冲区）台风灾情分布图

成果图件的输出对于救灾具有十分重要的意义，一方面可以根据成果图件制作挂图，方便救援任务的部署安排；另一方面成果图件也是十分重要的素材，可以为空间分析和系统二次开发提供参考。

2.4.2　专题地图编制及成果归档

专题地图是突出而详尽地表示一种或几种专题要素的地图（江涛，2010）。专题地图要求尽可能全面、清晰地展示被表示要素或其他数据,对于台风灾后应急测绘成果专题地图的编制而言,要求其能清晰地分辨出所表示要素的完整性和统计数据的值,图面要求美观、要素齐全、大小和位置合理。

专题地图编制过程中,表示方法和符号应用十分重要,合理地应用表示方法和符号系统能整体提高专题地图的美观效果。表示方法一般为柱状图、饼状图、点密度等,符号系统一般按照点、线、面的顺序设计,要求整体效果和谐美观,如标注样式、点标注抽稀、符号系统设计等。

图面整饰是输出专题地图的最后一个步骤,要求地图的图框符号、比例尺样式、图例样式、指北针样式、标题样式等要整体美观,并可以突出主题,图2-34为图面整饰效果。

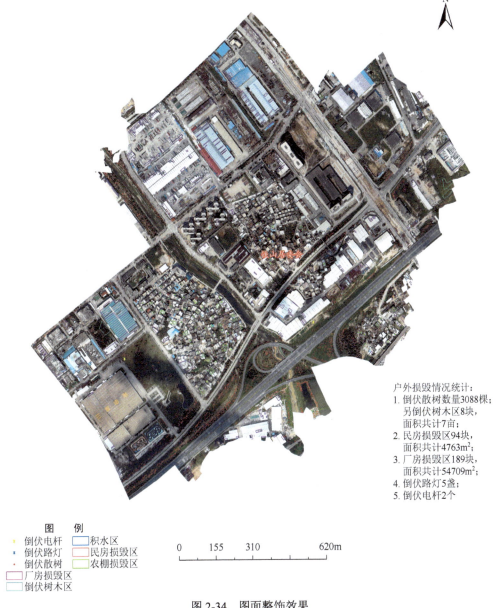

图 2-34 图面整饰效果

1. 成果图集制作

航拍数据成果容量大，不同格式数据需要不同专业软件浏览，为了方便调阅成果资料，将本次制图成果及各镇（街）的历史资料按一定版式和逻辑顺序设计并制作成果图集。成果图集要求能反映主题，并且符合美观效果。以灌口镇为例，封面设计如图 2-35 所示，图册内容包括以 A3 尺寸制作的全镇辖区的土地利用现状图、灾前的影像资料、灾情分布与统计专题图、各种灾损类型的高清写实照片和下辖各村庄的灾前灾后正射影像图及灾情专题图，以及以 A0 尺寸折页的专题分析图件共 58 页，目录如图 2-36 所示。

图 2-35　成果图集封面设计图

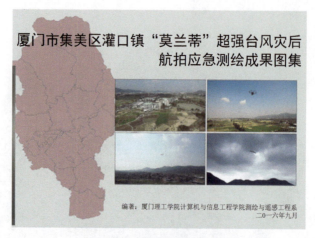

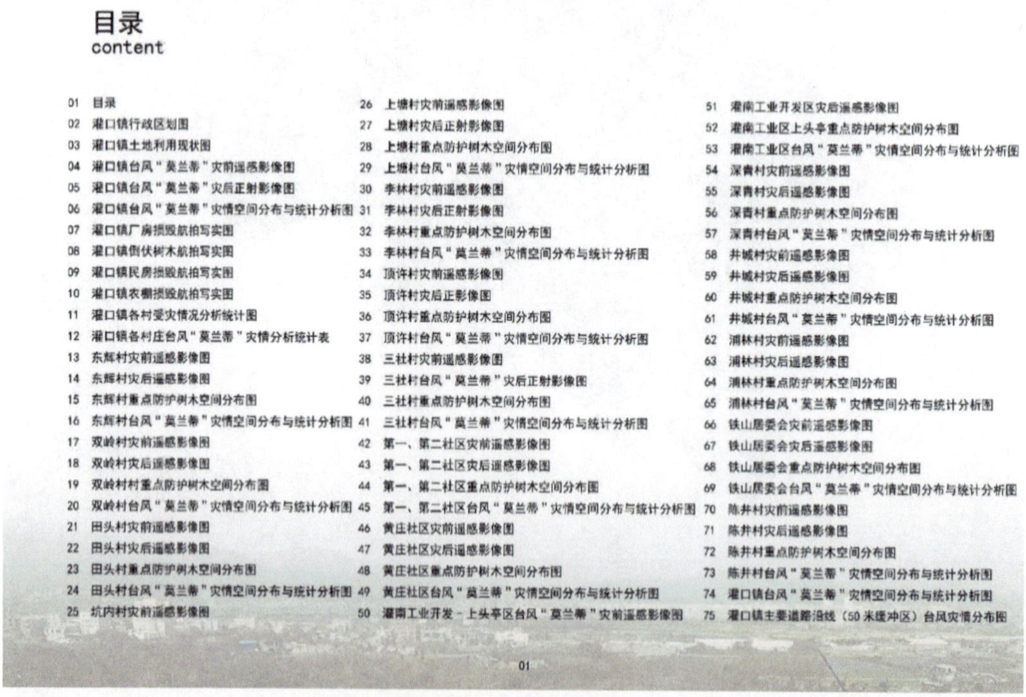

目录
content

01 目录
02 灌口镇行政区划图
03 灌口镇土地利用现状图
04 灌口镇台风“莫兰蒂”灾前遥感影像图
05 灌口镇台风“莫兰蒂”灾后正射影像图
06 灌口镇台风“莫兰蒂”灾情空间分布与统计分析图
07 灌口镇厂房损毁航拍写实图
08 灌口镇倒伏树木航拍写实图
09 灌口镇民房损毁航拍写实图
10 灌口镇衣棚损毁航拍写实图
11 灌口镇各村受灾情况分析统计图
12 灌口镇各村庄台风“莫兰蒂”灾情分析统计表
13 东辉村灾前遥感影像图
14 东辉村灾后遥感影像图
15 东辉村重点防护树木空间分布图
16 东辉村台风“莫兰蒂”灾情空间分布与统计分析图
17 双岭村灾前遥感影像图
18 双岭村灾后遥感影像图
19 双岭村村重点防护树木空间分布图
20 双岭村台风“莫兰蒂”灾情空间分布与统计分析图
21 田头村灾前遥感影像图
22 田头村灾后遥感影像图
23 田头村重点防护树木空间分布图
24 田头村台风“莫兰蒂”灾情空间分布与统计分析图
25 坑内村灾前遥感影像图
26 上塘村灾前遥感影像图
27 上塘村灾后正射影像图
28 上塘村重点防护树木空间分布图
29 上塘村台风“莫兰蒂”灾情空间分布与统计分析图
30 李林村灾前遥感影像图
31 李林村灾后正射影像图
32 李林村重点防护树木空间分布图
33 李林村台风“莫兰蒂”灾情空间分布与统计分析图
34 顶许村灾前遥感影像图
35 顶许村灾后正影像图
36 顶许村重点防护树木空间分布图
37 顶许村台风“莫兰蒂”灾情空间分布与统计分析图
38 三社村灾前遥感影像图
39 三社村台风“莫兰蒂”灾后正射影像图
40 三社村重点防护树木空间分布图
41 三社村台风“莫兰蒂”灾情空间分布与统计分析图
42 第一、第二社区灾前遥感影像图
43 第一、第二社区灾后遥感影像图
44 第一、第二社区重点防护树木空间分布图
45 第一、第二社区台风“莫兰蒂”灾情空间分布与统计分析图
46 黄庄社区灾前遥感影像图
47 黄庄社区灾后遥感影像图
48 黄庄社区重点防护树木空间分布图
49 黄庄社区台风“莫兰蒂”灾情空间分布与统计分析图
50 灌南工业开发－上头亭区台风“莫兰蒂”灾前遥感影像图
51 灌南工业开发区灾后遥感影像图
52 灌南工业区上头亭重点防护树木空间分布图
53 灌南工业区台风“莫兰蒂”灾情空间分布与统计分析图
54 深青村灾前遥感影像图
55 深青村灾后遥感影像图
56 深青村重点防护树木空间分布图
57 深青村台风“莫兰蒂”灾情空间分布与统计分析图
58 井城村灾前遥感影像图
59 井城村灾后遥感影像图
60 井城村重点防护树木空间分布图
61 井城村台风“莫兰蒂”灾情空间分布与统计分析图
62 浦林村灾前遥感影像图
63 浦林村灾后遥感影像图
64 浦林村重点防护树木空间分布图
65 浦林村台风“莫兰蒂”灾情空间分布与统计分析图
66 铁山居委会灾前遥感影像图
67 铁山居委会灾后遥感影像图
68 铁山居委会重点防护树木空间分布图
69 铁山居委会台风“莫兰蒂”灾情空间分布与统计分析图
70 陈井村灾前遥感影像图
71 陈井村灾后遥感影像图
72 陈井村重点防护树木空间分布图
73 陈井村台风“莫兰蒂”灾情空间分布与统计分析图
74 灌口镇台风“莫兰蒂”灾情空间分布与统计分析图
75 灌口镇主要道路沿线（50 米缓冲区）台风灾情分布图

01

图 2-36　成果图集目录

2. 成果光盘制作

为每次台风来临提前做好重点地区要素类型丰富、现势性强的应急测绘地理信息数据资源储备，能够以史为鉴、提前做好防灾减灾的科学部署，同时开展生态修复与城市修补，以及展示救灾抢险所体现的"厦门速度"，将航拍制作的基础数据、成果资料以光盘为介质进行归档，为政府相关管理部门和科研人员提供快速、完整的资料。对于光盘容量难以承载的三维数据成果，通过二维码和发布网络链接的形式提供给使用者调用。光盘包装版式及内容如图2-37和图2-38所示。

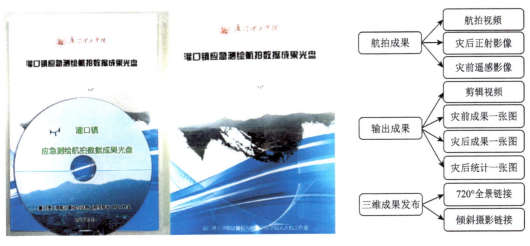

图2-37 灌口镇应急测绘航拍成果光盘封面　　　图2-38 光盘内容目录

2.5 本章小结

本章基于无人机遥感系统进行厘米级正射影像的获取与分析，建立树木、路灯、电杆、农棚、厂房、民房、积水区等多目标受灾体的无人机影像解译标志，设计无人机应急制图的信息内容、符号表达、图件版式，解译并编制灾损数据库。以"莫兰蒂"超强台风灾后影像航拍资料，以及历史遥感数据、地名、行政区划为数据基础开展系列图件制作，在灾后复杂现场勘察环境下及时、高效地提供翔实的"一线"灾情信息。

第 3 章 台风灾后受损及恢复状况分析

3.1 研究概述

台风灾害的严重性和多样性已引起了世界的广泛关注,同时伴随着台风的狂风、暴雨、巨浪和风暴潮都具有很强的破坏性。台风是世界上十大自然灾害之一。台风巨大链型灾害所呈现的范围广、受灾类型多样化、环境复杂化等,对灾害及时探测发现、灾情分析反馈等技术能力提出了极高的要求。传统的救灾方式是由专业的调查人员对灾后的地理环境进行调查,调查工作负荷非常大,灾害发生的地理环境往往是复杂和危险的,这对调查人员的人身安全构成了巨大威胁,并导致无法及时、有效地全面了解灾区的损失情况。随着我国科技的飞速发展,各种高新技术的出现也为台风后的救灾和重建提供了新的契机。基于"莫兰蒂"超强台风灾后开展的无人机应急测绘所积累的工作基础与数据成果,进一步对灾情资料进行研究分析及可视化。

建筑物和树木是强台风灾害的主要受灾对象,也是造成人员伤亡和财产损失的主要因素(台海网,2016),因此本章重点基于影像分析、地面调查、三维激光扫描、多要素关联分析等手段,对台风灾害造成的树木与建筑损毁进行灾情分析与评估,并提出合理的防灾减灾措施。

本章利用无人机技术提高了影像图的分辨率,最高分辨率可达 5cm,同时还提高了数据的准确性和科学性,能够更加准确、实时、高效地反映出灾区的实时受灾情况。本章提出利用 ArcGIS Server 服务平台发布历年受灾数据,对灾害数据进行网络管理、分析及后期的调用,并设计制作了关于台风灾害的符号库,对灾害信息的表达更直观;对受灾地区灾情判断、灾情控制,以及灾后重建、管理等方面进行系统性的管理;构建具备灾情数据管理、分析及灾后恢复与建设管理功能的监测应急响应的数据库平台。

3.2 树木受损专题分析

3.2.1 道路沿线受损空间分析

道路两侧的建筑、树木、路灯、电力及其他类型杆塔相对于其他区域更为密集,是受灾体量最大的区域。同时,道路受阻,加上通信设施受损,将各个区域割裂成一个个受困的"孤岛"。开展施救或抢修,首先要保证"三通"(通水、通电、通路),而通路则是对电力设施、供水设施进行抢修的前提。为此,以集美街道为例,对道路损失情况开展专题分析,为道路清障工作提供决策支持,同时也为今后提升道路沿线的抗击台风能力提供经验借鉴。

道路沿线灾情的解译需要影像与实地考察相结合，利用移动 GIS 等设备与配套软件进行野外数据的现场一次性采集。

道路沿线受损地物主要包括倒伏树木与公共设施两大类。其中，行道树作为动态生长和维护的生命体，其受损情况及产生的二次伤害需要进一步细化评估研究。为此，结合航拍影像的特征分析和 QPAD 信息采集调查，扩充了倒伏树木的大小、树种、受损等级、造成的二次伤害情况。通过实地调查与影像相结合，建立大小、受损等级、造成的二次伤害情况 3 个属性判读的解译标志。

1. 倒伏树木受损等级解译标志

根据实地调查与影像对比，将倒伏树木受损等级分为五级，解译标志分级标准根据受损程度、树枝受损情况、倒伏情况及影响行人出行程度划分，各等级在影像上的色调、大小、形状、阴影等方面表现得也不相同，各分级标准及分级标志的特点见表 3-1（Brokaw et al.，1991）。

表 3-1　倒伏树木受损等级表

受损等级	倒伏树木受损等级分级标准				解译标志特点	
	受损程度	树枝受损情况	倒伏情况	影响行人出行程度	大小	色调、阴影
一级	轻度受损	吹断、受损轻微	无倒伏	无影响	较矮小	树木色彩明显；阴影较多
二级	轻度受损	轻微受损	无倒伏	有轻微影响	较矮小	
三级	中度受损	树枝损坏较多	半倒伏	有影响	较大	树木多为白色，绿色较少；阴影较少
四级	重度受损	受损较严重	完全倒伏	严重影响	较大	
五级	重度受损	受损严重	完全倒伏	严重影响	较大	

2. 倒伏树木大小解译标志

倒伏树木大小的分级标准根据树木树冠的直径大小及倒伏情况进行划分；主要根据树冠直径、树木发育程度、树木阴影、树木色调等特点对倒伏树木大小进行解译，树木大小分级标准与解译标志特点见表 3-2。

表 3-2　树木大小分级标准及解译标志特点

树木大小	倒伏树木大小分级标准			解译标志特点	
	树冠直径	树木发育程度	倒伏情况	大小	阴影、色调
一级	5m 以下	树干较细，树枝少	倒伏较少	树木较小	阴影较少，色调明亮
二级	大于 5m 且小于 10m	树干较粗，较为繁茂	倒伏最多	树木较大	阴影较多，色调差异大
三级	大于 10m	树干粗壮，非常繁茂	倒伏最少	树木较大	阴影多，色调、色差明显

3. 倒伏树木的二次伤害情况解译标志

经过实地考察，二次伤害的主要类型包括对道路沿线设施、停靠车辆、外出行人等造成二次伤害，倒伏树木二次伤害类型解译标志如图 3-1 和图 3-2 所示。

(a) 对道路沿线设施　　　　(b) 对停靠车辆　　　　(c) 对外出行人

图 3-1　次生灾害类型

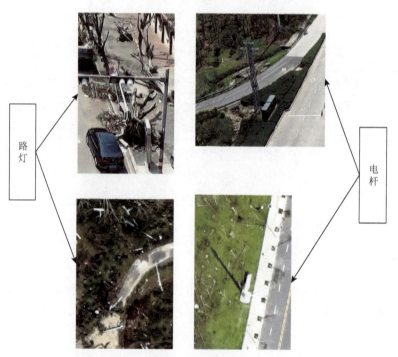

图 3-2　道路沿线的倒伏电杆、路灯

倒伏路灯和电杆影像特征明显，其中，电杆在影像上的颜色为较浅的白色调，直径较细，靠近顶部处带有叶片状的路灯安装设备。以集美街道为例，从抓取的 POI 数据图层中提取出道路图层，并与航拍影像进行配准，将倒伏树木、公共设施等各要素用不同颜色表示，制作道路沿线受损分布专题图，如图 3-3 所示。

基于配赋到的倒伏树木图层点的属性内容，对倒伏树木的大小、受损等级及二次伤害情况进行统计分析。

图 3-3　道路沿线受损分布

4. 倒伏树木特征分析

倒伏树木特征分析要素包括倒伏树木各类解译要素：倒伏树木受损等级、倒伏树木大小、是否存在二次伤害情况等。根据倒伏的三类解译要素统计结果，制作 3 个属性要素的分析图表，如图 3-4 所示。

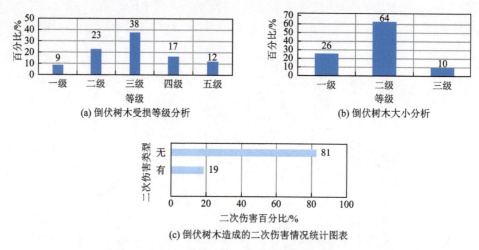

图 3-4 倒伏树木 3 个属性统计分析

5. 统计数据及分析图表

1）受损等级数据分布特征分析

此次台风的倒伏树木主要为半倒伏状态的三级损坏，占所有倒伏树木的 38%，同时，处于全倒伏状态的树木占 29%，且受损严重不可恢复的树木占 12%，根据解译标志三级以上为中度及重度受损可知，中度、重度受损树木占所有倒伏树木的 67%，由此可知，此次台风所造成的损失极大（马洪斌，2013）。

2）树木大小数据分布特征分析

此次损坏树木中，二级中型树木占总数的 64%，集美街道道路沿线的树木以中型树木为主，同时，三级树木占 10%，由实地调查与影像结合可知，道路沿线树木以二级树木为主，受损树木以二级树木为主。

3）树木二次伤害数据分布特征分析

此次台风过后，集美街道道路沿线倒伏树木中有二次伤害的树木占所有树木的 19%，这些具有二次伤害的树木对集美街道的汽车、道路、行人等存在着潜在的伤害。

3.2.2 倒伏树与停车位的关联分析

受损树木倒伏对周围的地表及地物产生破坏，由于建设时缺少像建筑物那样的规避考虑，停车场往往是受损严重的承灾体。以某高校校区的灾后影像为例，首先解译停车场的位置，叠加倒伏树图层进行关联分析制图。

如图 3-5 所示，受倒伏树木影响或存在潜在风险的车位有 120 个，这些车位在图上的标志为蓝色，其他 371 个车位标志为红色。从数据上看，今后停车位建设应根据树木栽种选择及场地选址规避原则进行规划，以应对强台风的影响，同时对已经建设的车位应根据标志的位置在台风来临前对其做好支护，以及做好车位选择的提醒公告。

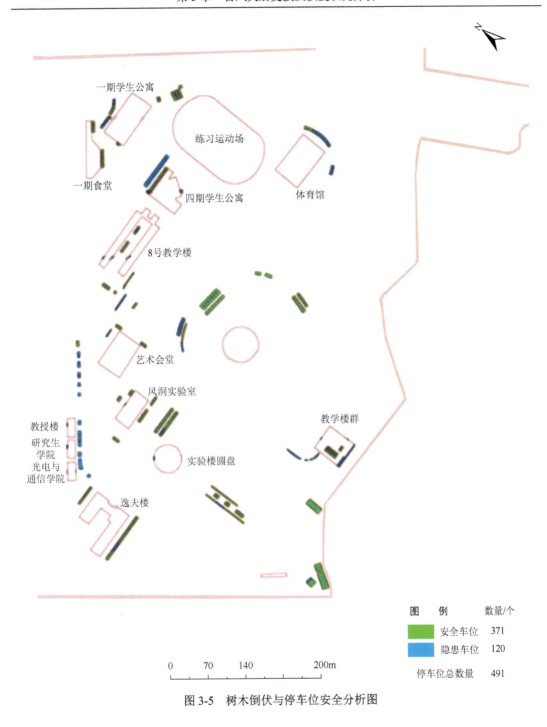

图 3-5 树木倒伏与停车位安全分析图

基于上述对应关系，对分布在停车场及道路两侧、建筑周围等人流大、出入频繁的区域的树木在 ArcGIS 中进行属性字段记录，将其设置为 0，其他的树木统一设置为 1，将属性值为 0 和 1 的树木分别用红色和绿色进行标识，输出图件如图 3-6 所示。

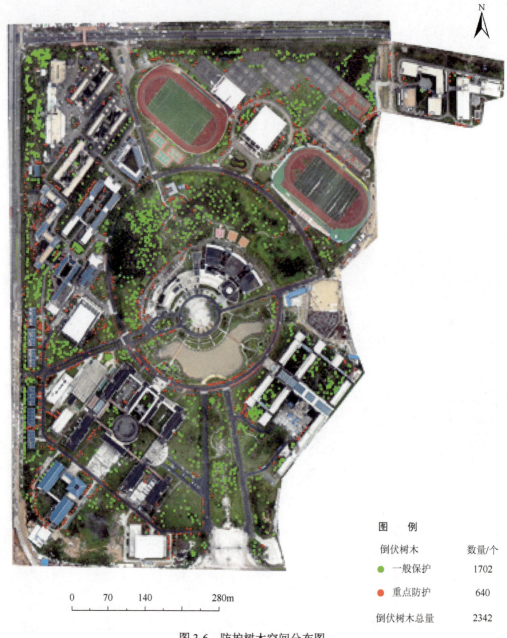

图 3-6 防护树木空间分布图

3.2.3 受损林地三维激光扫描与统计

航拍所得数据的分辨率高，所拍摄的地面信息非常丰富，理论上，计算机能够对航拍影像进行自主纹理分析，包括确定林地的种类、树的直径和林地面积，甚至连小斑图块边界也能确定。由于林地的树木种类及空间结构对于林地的生态和经营都非常重要，且航拍影像的分辨率高，能够用纹理分析估计出树木种类和树木个体之间的位置关系，也是目前航拍影像的研究热点之一。

此次航拍所得到的高分辨率遥感影像，在经过坐标匹配之后，可直接使用 GIS 软件勾画出林地图斑，进而统计出此次灾后受损的林地的面积，具体如图 3-7 所示。

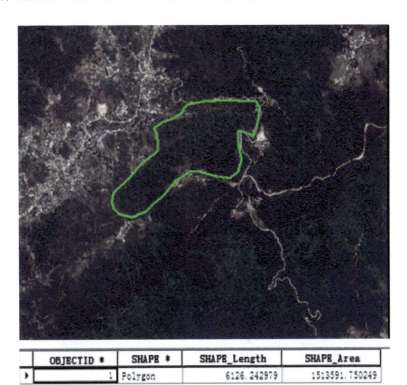

图 3-7　林地面积统计

由影像数据的色彩标志可以判断受损树木是否死亡，通过人工实地抽样，构建各类树木的病死树的判断标志，进而用面积统计法或者株数统计法估算出台风灾后受损林木的成活率。面积统计法适用于密度高且面积大的林地，如图 3-8 所示，株数统计法适用于密度低的能清晰分辨出单株苗木且面积较小的林地，如图 3-9 所示。还可以直接在航拍影像上对受损树木的数量进行计数，进而计算其单位面积的受损密度。

图 3-8　受损密度高的林地

图 3-9　受损密度低的林地

根据经验和树木影像特征判断树木的种类，主要判读树种的标志有树冠影像的形状、大小、颜色等，再结合实地考察得到的受损林地的数据，建立树种的解读标志。无人机航拍的影像分辨率很高，一般可以直接根据树木的树冠形状识别出树种。

另外，还可以通过比例测算出所追踪的受损树木的冠幅和树高（贾宝全等，2013），在已知植株种类的情况下，根据二元树龄表，比较所采集数据对应的树龄数据，确定其树龄大小。后续结合三维激光扫描技术进行实地抽样，以确保航拍影像的可靠性。

采用 FARO Focus 3D 进行受损区点云数据采集，三维激光点云不仅带有强度、灰度值、三维坐标等信息，还可附加彩色信息，对树木树种属性进行识别，如图 3-10 所示。

图 3-10　附加彩色信息的林地点云

在 FARO SCENE 软件中，还可以直接对林地模型进行测量，获取所需要的数据。由图 3-11 可知，树高为 5.889m，胸径为 0.182m。表 3-3 和表 3-4 是受损林地实地抽样调查统计结果。

图 3-11　树高、胸径量算

表 3-3 树高统计表

树高/m	数量/棵
0～2	11
2～5	19
5 以上	6

表 3-4 胸径统计表

胸径/cm	数量/棵
0～10	8
10～20	16
20 以上	12

可以利用软件计算得到的树木树高与胸径对受损的树木进行处理，有针对性、有选择性地对受损树木进行保护。

同时对单棵树木进行胸径 D、树高 H 量测，利用林业材积公式，可算出单棵树木的蓄积量，以马尾松为例，如下：

$$V = 0.0000798524 \times D^{1.7422} \times H^{1.01198}$$

分别对选取的单棵树木进行量测，从而计算出整个林地内树木的材积量，为估算倒伏树木的体量及绿化垃圾清理量提供参数支持。

3.3 建筑受损专题分析

3.3.1 屋顶受损分类统计

此次台风灾害中，受损的建筑主要包括普通房屋、农棚、厂房 3 个大类，对建筑进行解译时，通过航拍正射影像图对各类建筑进行判断，一般对屋顶破损较为明显的建筑进行分类解译与统计，建筑的主要破坏类型与影像状态如图 3-12 所示。

以受损严重的蒲林村为例，影像解译后，对解译成果进行分类统计，主要统计内容包括蒲林村区域行政面积、建筑面积、各类房屋受损情况等，得到每一类建筑具体的损坏情况，统计结果见表 3-5。

村内建筑灾后解译的对象主要包括普通房屋、铁皮房屋和农棚。通过对几类地物的解译成果进行编辑，最终得到灾后村内建筑的受损分布图，如图 3-13 所示。

图 3-12　建筑的主要破坏类型与影像状态

表 3-5　蒲林村建筑受损统计

统计内容	统计结果
区域行政面积/km²	3.9
建筑面积/km²	0.31
建筑总数/座	1867
受损建筑总数/座	375
普通房屋总数/座	1341
受损普通房屋总数/座	129
铁皮房屋总数/座	452
受损铁皮房屋总数/座	179
农棚总数/座	74
受损农棚总数/座	67

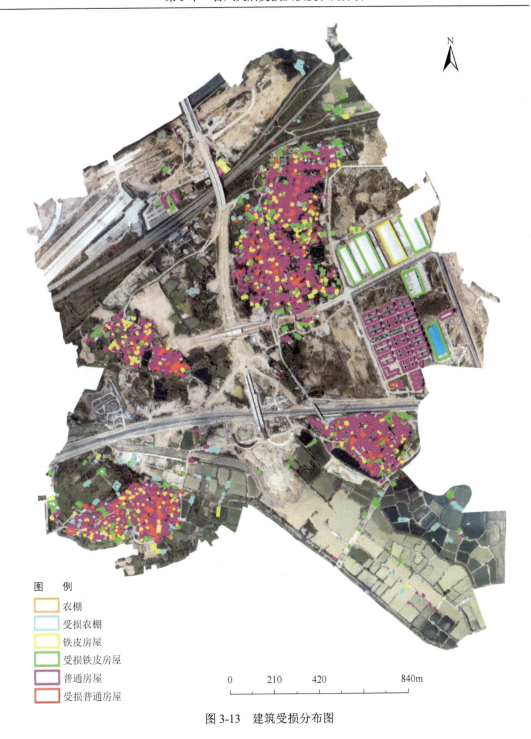

图 3-13 建筑受损分布图

3.3.2 屋顶受损空间分析

1. 普通房屋受损分析

随着时代的进步、经济的发展，村民生活水平的提高，大家都陆续地盖起了自己的小洋楼，以钢筋混凝土房为主，不容易损坏。当然还有随着时间遗留下来的土房、瓦房，这些房屋在这次台风灾害中受损较为严重。在 ArcGIS 中，将普通房屋特别标注显示，可制作普通房屋受损分布专题图，最后可得灌口镇蒲林村"莫兰蒂"超强台风灾后普通房屋解译图，如图3-14所示。

图 3-14 受损普通房屋分布图

根据解译成果，经统计，普通房屋总数约为 1341 座，受损普通房屋总数约为 129 座，损坏率约为 9.62%，同时占此次受损房屋总数的 34%，由此可见，此次受损的普通房屋较多，对人们的生活影响较大。同时，由房屋受损的空间分布可知，受损的房屋较为集中，因此对受损房屋的处理较为重要。

2. 铁皮房屋受损分析

在农村，厂房、铁皮房屋违建乱建的现象较严重，有许多建筑都没有达到安全标准，因此其在这次台风灾害中受损较为严重。利用解译成果，制作铁皮房屋受损分布专题图，如图 3-15 所示。

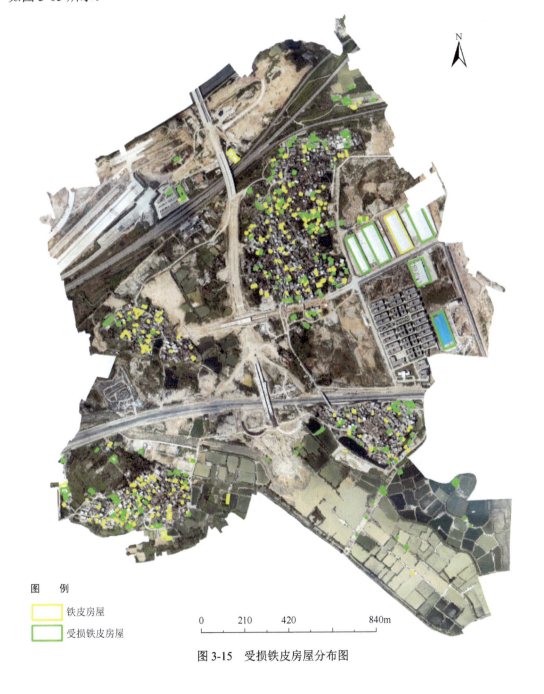

图 3-15　受损铁皮房屋分布图

经统计，铁皮房屋总数约为 452 座，受损铁皮房屋总数约为 179 座，损坏率约为 39.60%。由统计结果可知，此次铁皮房屋等类似建筑受损严重，受损的铁皮房屋占受损房屋总数的 46%，破坏率接近一半。由实地考察可知，铁皮房屋受损严重不仅因为此次台风史无前例的强度破坏力，还与铁皮房屋建筑等未达到建设标准有关。从图 3-15 可以看出，铁皮房屋等建筑大多分布较分散，特别是分布在郊外的铁皮房屋多为厂房，受损较为严重，而位于村内的铁皮房屋多为村民加盖的铁皮楼顶，因此损失较轻。

图 3-16 受损农棚分布图

3. 农棚受损分析

村内保留着一部分农田,周围还建有农棚便于耕作,但是农棚大多数较为简陋,还分布在空旷的耕作区,非常脆弱,在这次台风灾害中受损程度大。图3-16为受损农棚分布图。

经统计,农棚总数约为74座,受损农棚总数约为67座,损坏率约为91%,同时,受损农棚占所有受损房屋的20%。分析可知,虽然受损农棚占受损房屋的比例不大,但是其破坏率达到91%,说明其受损极其严重,同时,因为农棚主要分布在郊外,因此对居民居住地影响不大,但农棚受损较大,对当地蔬菜等的损坏也较大。

由于农村里有多个建筑聚集地,台风对聚集地内外围建筑的影响也可能不同。因为村里建筑聚集地中心到外围建筑半径为100m左右,利用ArcGIS缓冲区分析,提取蒲林村外围区域与中心区域,以半径为80m的圆形区域为中心,将此区域以外、聚集地以内的区域视为聚集地外围,并对区域内的受损房屋进行统计,结果见表3-6。

表3-6 建筑区域受损统计表

项目	外围区域	中心区域
受损建筑/座	56	89
未受损建筑/座	199	624
受损率/%	22	12

由此可见,建筑聚集地外围受台风的影响较大,在下一次台风来临之前,要加大对外围建筑的管制与防护力度,当然也不能忽略中心区域,尽可能地减少损失,保障居民的生命与财产安全。

3.3.3 基于三维激光扫描技术的建筑受损统计制图

常规的遥感传感器及航拍获取的正射影像通过垂直成像方法只能获取地球表面物体的单一视角影像特征和平面几何信息,使用当前的图像处理方法和模式识别手段无法提取建筑物立面和三维信息,给建筑物架构性损毁的精准评估造成了困难。有的已经产生巨大裂缝的严重损毁房屋在正下视遥感影像中却表现为完好或仅轻微受损;有的已发生倾斜的严重损毁城区建筑物在正下视遥感影像中表现为完好。

地面三维激光扫描技术克服了传统测量方法的局限性,可以实现对各种大型不规则、复杂建筑物在光线不足的环境下进行快速而准确的三维模型构建、信息提取及立面图、剖面图等线划图的绘制,为复杂多功能风洞的施工与规划管理提供重要的技术保障。因此,三维激光扫描技术在提取受损建筑详尽的三维信息方面具有效率高、精度高的优势,很好地弥补了常规的遥感传感器及航拍获取的正射影像的不足。

以厦门理工学院集美校区精工园9号楼和10号楼之间的车辆检测与试验中心实验基地为例,该实验基地是一组钢结构房屋建筑,几何形状复杂且细节特征丰富,为满足损毁房屋精细化信息提取的要求,首先对其进行现场踏勘。房屋刚因为强台风而损毁,部分房屋结构及损坏的钢结构很不稳定,存在较大的危险性,踏勘过程中尤其要注意房屋结构及周边的易掉损物。因此,需要设计最优的激光点云数据采集方案,来保障数据收集的安全、后续的三维建模及分析,尤其要根据屋顶受损严重的关键部位,如建筑物本身的重要特性或常规扫描方案无法覆盖的区域,来确定作业的范围。根据现场地形及目标对象的特征初步确定扫描站点的布设方案。采用 FARO Focus 3D 三维激光扫描仪对该损毁房屋进行激光扫描,快速构建三维信息模型,为灾后调查分析提供技术支撑。

本次数据采集使用的仪器为 FARO Focus 3D 三维激光扫描仪,该系统主要由扫描头、控制器及计算机组成。该扫描仪扫描视场范围为 310°×360°(垂直×水平),可快速、高效、完整地获取台风损害的各类信息。本书研究的重点扫描区域为车辆检测与试验中心房屋屋顶及墙面结构。在进行站点勘查时先确定扫描站点的视角的覆盖范围,尤其要确保完整采集到靶球位置信息,便于后续各个站点的点云数据的配准拼接。根据踏勘灾损现场的实际情况设计制定了点云数据采集方案,共设置了 8 个扫描站点,扫描范围覆盖研究区内的钢结构建筑物内外部结构特征及地形特征。图 3-17 为该车辆检测与试验中心损毁房屋的激光扫描现场,图 3-18 为激光扫描获取的损毁建筑物局部点云数据。

图 3-17 激光扫描现场

图 3-18 损毁建筑物局部点云数据

1. 点云数据预处理

点云数据预处理流程主要包括原始点云数据导入、噪点剔除、配准拼接、滤波简化、点云赋色及原始点云导出等，其目的是将不同扫描站点的点云数据精确匹配，统一到特定的坐标系，以便对研究对象进行各类信息提取、三维实体建模及定量化分析。以下重点论述点云的配准拼接和点云去噪两个预处理过程。

激光点云数据在采集过程中，容易受到空气中的水汽、烟雾，仪器扫描头旋转产生的抖动，以及移动物体干扰等周围环境与自身的影响，以至于产生空中悬浮的散乱点和目标物体附近孤立的点等点云噪点。噪点剔除的主要流程是将点云数据投影到正交的平面上，基于各点云的高程信息，采用人工交互的方式剔除悬浮在建筑物周围及空中的散乱点，如图 3-19 所示。对点云数据进行去噪简化，剔除冗余数据来降低原始点云数据的密度，以提高后续点云数据信息提取及处理的效率。

(a) 原始点云数据　　　　　　　　　　(b) 剔除噪点后的点云

图 3-19　激光点云噪点剔除

在点云数据的配准拼接过程中，将配准平均误差小于 0.005mm 的点视为完全匹配。经过点云数据的配准拼接，最大的配准误差为 0.0048mm，最小的配准误差为 0，平均配准误差为 0.0026mm，满足了完全配准误差小于 0.005mm 的要求。可知该目标对象损毁房屋的场景扫描及配准的精度较高，配准拼接后的结果如图 3-20（a）所示。最终，赋色后的点云能够更清晰地显示车辆检测与试验中心损坏房屋的完整信息，如图 3-20（b）所示。

(a) 点云数据匹配效果　　　　　　　　(b) 点云数据赋色效果

图 3-20　局部激光点云数据

2. 二维信息统计

配合激光点云数据对目标对象的描画，即可获取损毁房屋的二维线划图数据。通过点云数据，可以提取出建筑物的侧视结构图、该房屋结构的正视图结构轮廓线，以及具体损毁变形的钢卷门；还可以精细提取该建筑结构的俯视图，查看该建筑物的外围线，可获得该建筑物的俯视图面积为 1087.3679m², 正视图面积为 196.1576m², 侧视图面积为 423.0227m², 如图 3-21 所示。

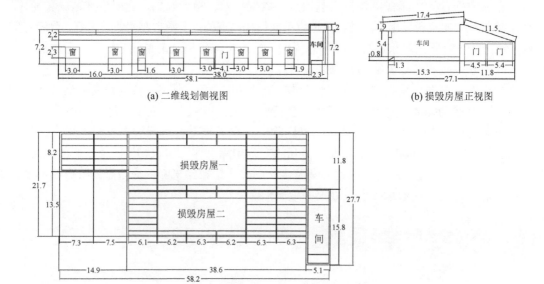

图 3-21 基于点云数据提取损毁建筑物的三视图（图中数字单位都为米）

3. 三维建模

利用三维激光扫描仪获取的目标对象的原始点云是不连续的离散点，需对其进行建模，变成连续的面状，从而可以更加直观地显示灾损建筑物的信息及成因。因此在提取完整的灾损建筑物二维线划图轮廓线后，本书采用 HDModeling for CAD2013 软件进行灾损建筑物三维实体建模，该软件可配合激光点云数据的空间信息，从局部到整体对建筑物的二维轮廓线进行实体模型的构建，并输出该建筑物的真三维模型。根据激光点云数据和二维线划图，对该灾损建筑物内部钢结构的框架进行信息提取，最终发现该建筑物主体钢结构保存完好，说明该建筑物的主体钢结构设计是稳定可靠的。最终，对灾损建筑物还原后的真三维模型如图 3-22 所示。

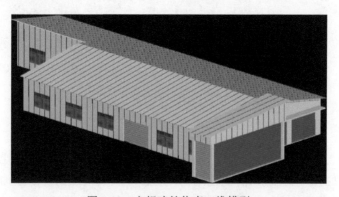

图 3-22 灾损建筑物真三维模型

4. 结果分析

由二维线划图信息统计可知,此次超强台风过程中,灾损部位主要是房屋外围的轻钢围护结构,其中建筑物屋顶轻钢结构的屋面板及车间全部被摧毁,墙面的墙面板和轻钢卷门结构破坏尤其严重,损毁建筑物构件总面积达 $1446.0978m^2$,经济损失较大。由于轻钢围护结构自身质量轻、刚度小等,风荷载往往成为控制其的荷载(张旦等,2012),其中屋面、门窗和墙面的风致损坏是风灾破坏的主要方面。轻钢结构易损毁,因此,钢结构的围护系统应引起极大的重视。由风灾造成的钢结构建筑物损失居各种损失之首(宋芳芳和欧进萍,2010),因此,在台风多发的福建地区,钢结构及围护结构应引起重视。在建筑设计时,为了提高钢结构及围护结构的抗风能力,减少建筑物的风灾损失,根据风灾损失的特点和风灾破坏原因,提出以下减少钢结构建筑轻钢围护风灾损失的主要措施。

首先,从建筑外形结构和材料布置上考虑抗风,合理选用抗风能力强的钢结构建筑材料,采用有利于空气流动疏通,不易阻挡风的建筑类型,同时,对于墙门的结构,可采用抗风能力强的推拉门,不宜采用抗风能力弱的卷帘门。

其次,针对此次屋面板全部损毁,对于轻钢屋面板和墙面板采用可靠性强的连接:尽量减少屋面、墙板的接缝,不适宜采用抗风能力较弱的拉铆钉连接方式,可采用合理的自攻螺丝来连接屋面板与钢结构骨架,增强屋面板对檩条、墙梁及柱子的蒙皮效应,从而增强整体结构的刚度,以不断提高钢结构建筑的整体抗风性能,把风灾损失减至最小。同时采用特殊的钢板也能减少风荷载的作用力,在超强风荷载下能够保持整体建筑物结构的稳定可靠。

最后,在台风来临之前对轻钢围护结构及轻钢卷门结构的易损部位进行加固和危险排查也是减少风灾损害的有效方法。

3.4 台风灾后恢复状况分析

3.4.1 数据的获取和处理

影像航拍范围为厦门市集美区集美街道覆盖区域,第一期影像航拍时间为 2016 年 9 月 19 日至 22 日,第二期影像拍摄时间为 2018 年 2 月 13 日,通过相关的软件,(如 Dix4Des-Ktop)对航拍的照片数据和飞行姿态数据进行处理,得到 DOM、DSM 及 OBJ 三维模型等数据。

第一,对两期 DSM 数据进行预处理,包括数据探查、投影转换等,保证处理后所有时相数据拥有相同且准确的坐标系,为后续空间分析奠定基础。

第二,在保证两期数据拥有相同且准确的坐标系情况下,虽然两期 DSM 数据可以完美叠加,但是对于前后没有变化的区域,两期高程数值还存在较大的误差,如图 3-23 所示,需要进一步减小误差。

图 3-23　同一点两期 DSM 高程信息

第三，在航拍获取两期影像时，航线规划等因素导致两期影像范围不一致，以集美街道行政界矢量数据为约束条件，利用 ArcGIS 分别对两期 DEM 和 DOM 栅格数据进行裁剪。

第四，通过 ArcGIS 软件 ArcToolbox—数据管理工具—要素类—创建随机点命令，创建多个随机点，如图 3-24 所示。

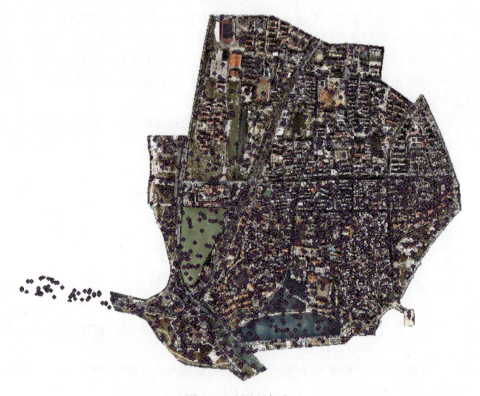

图 3-24　创建随机点

第五，通过 ArcGIS 软件 ArcToolbox—Spatial Analyst 工具—提取分析—多值提取至点命令，分别从两期 DSM 栅格数据中提取随机点对应的高程值（图 3-25），并且导出高程数据。

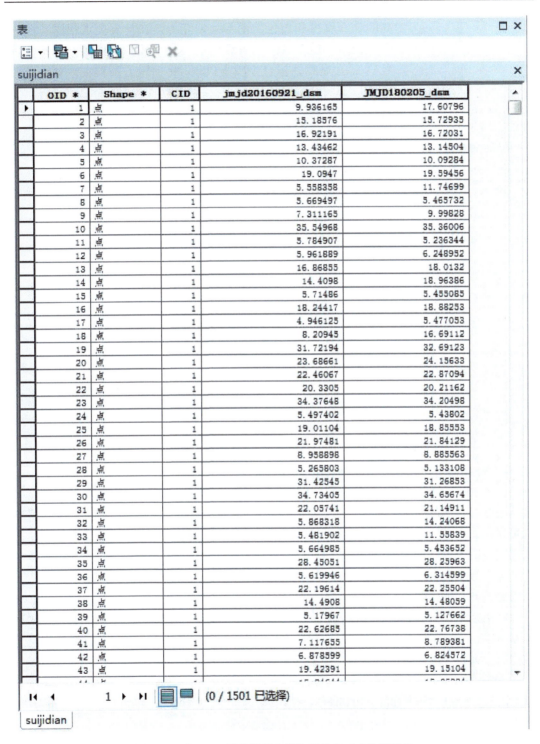

图 3-25 从 DSM 栅格数据中提取随机点对应的高程值

第六，用 MATLAB 做线性拟合来减小误差（张旦等，2012）。MATLAB 语言拥有大量的数学运算函数，具有强大的计算能力和数据处理能力。由于 MATLAB 语言具有较

```
>> load 1.txt
>> x = X1(:, 1):
>> y = X1(:, 2):
>> p = polyfit(x, y, 1)
p =
      0.9943    0.0178
```

图 3-26 基于 MATLAB 的线性拟合代码

高的计算精度和出色的图形处理能力,在计算要求相同的情况下,使用 MATLAB 语言编程能大大地减少工作量。因此,用 MATLAB 做线性拟合来减小误差,将提取的高程文本数据导入 MATLAB 中,通过公式 $y=ax+b$ 进行直线拟合(图 3-26),根据拟合结果删除噪点,最终得到 a 和 b 的值,如图 3-27 所示,再通过栅格计算器对 DSM 栅格数据进行计算,求出新的 DSM 栅格数据。

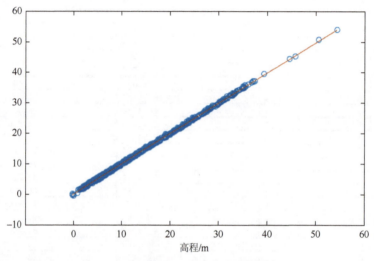

图 3-27 基于 MATLAB 的线性拟合结果

3.4.2 基于多期航拍影像的灾情恢复分析

通过对台风后的航拍影像进行应急测绘,第一时间解译出灾情受损情况,将受损情况以可视化的形式展现出来,同时对相隔一段时间的灾后正射影像进行解译,主要针对建筑物和植被两个要素进行解译,通过同一地区不同时段的解译成果的对比分析,并结合厦门市高分二号卫星影像,可直观、科学地分析出 2016 年 9 月 19 日至 2018 年 2 月 13 日集美街道建筑物和植被的恢复情况,如图 3-28 和图 3-29 所示。

将两期集美街道灾情解译情况和高分二号卫星影像结合分析,可以直观地看出 2016 年 9 月 19 日至 2018 年 2 月 13 日倒伏树木和倒伏电杆等已经基本被修复,损坏的房屋建筑也有一大部分被修复,只有极少一部分未被修复。

虽然对同一地区多期航拍影像进行解译能很大限度地分析出灾后建筑物、植被等要素的恢复情况,但都是基于二维平面的分析和评估,还要针对建筑物、道路等从三维角度进一步扩展分析。

3.4.3 基于 Model Builder 的图斑初筛

台风灾害对于建筑物、树木等地物的影响是非常大的,根据航拍影像、卫星影像对建筑物、植被、道路等的灾害受损情况及灾后恢复情况进行分析,只能得到二维平面信息,针对建筑物、道路等，还需要从高程的变化来分析其灾后一段时间内的恢复情况（Li K and Li G S，2013）。

Model Builder（模型构建器）是 ArcGIS 软件中的配套数据建模工具，该工具提供了一种图形可视化的建模环境，实现了 ArcGIS 中各种空间数据（包括工具、命令、脚本）的处理。利用 Model Builder 将地图处理工具串联在一起，实现简单的工作流集成化，将一个工具的输出作为另一个工具的输入，能够使计算机的计算能力得到充分发挥。优点在于：第一，可以提供一个自动化的技术方案，极大地减少人员数据处理的工作量，提高作业效率；第二，模型数据可以保存下来，通过 ArcGIS Server 进行共享；第三，根据实际需求对模型进行修改、添加，可以实现更复杂的应用。

图 3-28　2016 年 9 月 19 日集美街道灾情空间分布图

图 3-29 2018 年 2 月 13 日集美街道灾情空间分布图

基于 Model Builder 构建一个基于 DSM 的高度变化自动处理工具,对栅格数据高度变化信息进行自动化提取,减少内业人员的解译工作,极大地提高作业效率。使用栅格计算工具对预处理后的前后时相数据进行相减运算,公式如下:

$$Result = jm201803 - jm201609 \qquad (3.1)$$

对同一地区利用无人机航拍生成的两期观测 DSM 求差值,得到新的栅格数据。为了直观地展现出前后建筑物的变化情况,要对新的栅格数据进行进一步分析,设置合理的高差值分类数量和间隔。由于误差的影响，在影像图上选择一块区域为研究区域，通过对这个区域多期影像进行人工解译，判断出该区域的变化情况，基于栅格数据的正态分布曲线（图 3-30）取不同的置信区间，通过计算机判断该地区的变化情况，选取最接近人工判别结果的置信区间为间隔，通过小范围的区域解译（图 3-31），前后高差值以 2m 为参考基准是较理想的，即小于等于 2m 的为非变化区域，大于 2m 的为变化区域，将高差值小于 −2m 的区域设置为红色，将高差值大于 2m 的区域设置为蓝色，最终得到地物高度变化重分类图（图 3-32）。能够直观、准确地从图上看到一段时间内地物高度变化的情况，对该区域内灾后建筑物重建、倒伏树木恢复等情况进行快速识别，极大地提高内业作业效率。

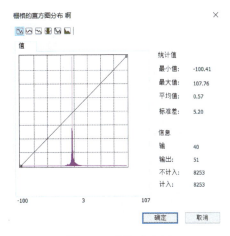

图 3-30　栅格直方图

图 3-31　局部区域建筑物高程变化验证

建筑物高度变化局部分析可以从图 3-33 中看到，红色图斑集中的区域为高差值减小大于 2m 的区域，结合灾后两期影像可以看出，此地区变化前是有建筑物的，在变化后的影像图中可以明显看出这个区域的房屋已经被拆除。由图 3-34 可以分析得到，通过图斑提取的算法后，蓝色图斑密集区域为高程增大的区域，红色图斑密集区域为高程减小的区域，结合两期影像图可以直观地看到，变化前红色图斑密集区域是桥梁，而变化后此处的桥梁已经被拆除；相反，变化前蓝色图斑密集区域是停车场，变化后此区域已经搭盖了房屋。

图 3-32　地物高程变化重分类

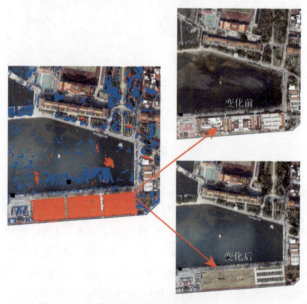

图 3-33　两期房屋高差值减小大于 2m 的区域

图 3-34　两期房屋高差值增大大于 2m 的区域

通过图 3-35 可以对树木高度变化进行局部分析，从 2016 年 9 月 19 日的航拍影像中可以明显地看到绝大部分树木是倒伏的，对两期栅格数据筛选后发现，2016 年 9 月 19 日至 2018 年 3 月 13 日树木高程信息有明显的增多现象，通过对后一期影像进行解译，可以明显看到这段时间大部分倒伏树木都已恢复，因此出现两期高程信息增多现象。

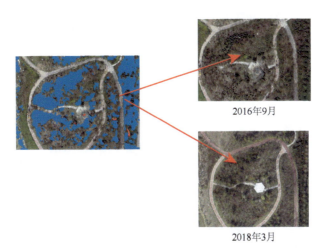

图 3-35　两期树木高程变化信息

虽然这种方法可以对建筑物、植被的变化情况进行快速的识别和初筛选，但是也存在很多不足，第一，这种方法只适合大面积地区的粗略统计，精度较低；第二，在图斑的识别和筛选过程中缺乏针对性，无法做到只对建筑物这一要素进行识别，不仅加大了内业工作量,还容易出现对有些地方识别错误的现象;第三,由于水体缺乏特征点等属性,在识别过程中,软件默认会有变化,所以会出现水体等图斑覆盖较密集的现象。

3.4.4　基于矢量数据与 DSM 栅格数据提取高程信息

针对 Model Builder 识别地物变化的不足,通过 ArcGIS 的分区统计功能分别对建筑物、植被区域、道路等要素进行高程信息提取,由此分析灾后建筑物及植被等的恢复状况。

利用 ArcGIS 栅格与矢量分区统计功能,以矢量数据为边界,提取对应的栅格高程信息,以此分别针对建筑物、道路等矢量数据进行高程信息提取,由此分析灾害前后建筑物、植被的高程变化,从而分析灾情的恢复状况。

1. 基于房屋矢量数据与 DSM 栅格数据提取高程信息

利用房屋矢量数据与 DSM 栅格数据进行分区统计,提取房屋矢量多边形内平均高程信息,结合多期高清航拍影像和卫星影像分析灾后一段时间内建筑物变化恢复情况,如图 3-36 和图 3-37 所示。

图 3-36　高程信息增加

图 3-37　高程信息减少

2. 基于植被区域矢量数据与 DSM 栅格数据提取高程信息

由于分区提取需要闭合的多边形矢量数据,通过对大面积植被区域的高程信息进行统计,分析评估台风灾后大面积倒伏树木的恢复情况(李煜莹,2008),如图 3-38 所示,从图 3-38 中可以看出大面积植被倒伏区域的恢复情况。

图 3-38 植被高程变化分布图

3. 基于道路矢量数据与 DSM 栅格数据提取高程信息

通过对道路做 20m 的缓冲区,得到多边形矢量数据,以道路缓冲区为边界,对两期 DSM 栅格数据差值进行裁剪,对裁剪的数据设置合理的高差值分类数量和间隔,以此来判别两个时段内道路高程变化信息,如图 3-39 所示。由图 3-39 可以看出两个时段内道路的高程信息变化比较明显,红色区域的高程显著增大,绿色区域的高程显著减小,由两期航拍影像图和高分二号卫星影像解译分析可以看出(图 3-40),后期倒伏树木和倒伏电杆等沿路地物基本恢复,结合图斑提取结果和外业考察情况可以判断台风后道路沿线地物的恢复情况,对以后的恢复和防护提供重要的依据。

图 3-39 道路高程差值分布图

第 3 章 台风灾后受损及恢复状况分析

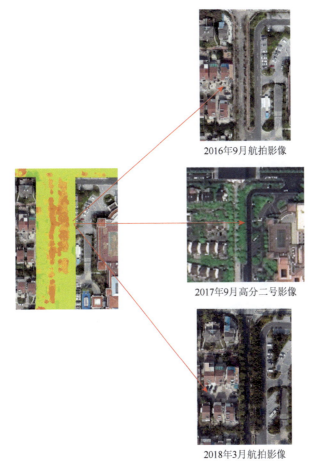

图 3-40 道路两侧倒伏树木恢复情况分布图

3.5 本章小结

本章首先将无人机影像与基于 QPAD 移动 GIS 数据实地考察相结合，利用 PAD（掌上机）等设备与配套软件进行该区的道路沿线灾情的现场数据采集。针对台风中损失较为严重的树木和建筑两种对象，在解译数据库的基础上，结合影像分析、地面调查、三维激光测量等手段，扩充属性内容，并进一步进行专题分析。在树木受损专题方面，对倒伏树木的受损等级、树木大小及树木存在的二次伤害等属性进行分析，利用三维激光点云数据测算抽样倒伏树木的树高、胸径，并计算林地的材积容量。在建筑受损专题方面，对屋顶受损进行统计与空间分析，采用三维激光技术制作损毁与修复重建的点云模型，编制损毁建筑部件调查清单。其次，在无人机影像及三维激光点云数据的支撑上，可建立多目标受灾体的影像解译标志并输出解译成果，直观精确地反映出灾害损失状况，实现灾情数据的二维及三维可视化。最后，基于 Model Builder 对不同时段的多期 DSM、DOM 数据进行地物粗略筛选，基于矢量数据与 DSM 栅格数据对不同时期的建筑房屋、植被区域及道路植被恢复状况和重建进行快速评估，可得灾后恢复效果。结果表明，基于无人机影像和激光点云数据可对灾害地区的损失及恢复进行快速评估，进而为城市灾害应急救援、恢复监测及恢复重建提供决策支持。

第 4 章 灾情监测数据可视化分析及系统构建

4.1 台风符号库建设

4.1.1 符号库设计

符号是地图的主要信息表达主题，能直接地表达出地图所表达的信息。同时也使用户能直观地明白地图中表达的信息，可见符号的作用很大。目前，符号有点状、线状、面状形态，由形状不同、大小不一、色彩有别的图形或文字组成。通过特定的地图符号，用户可以直观地了解地理事物的空间位置、形状、大小、数量及各地物之间的联系等，地图符号是地图中不可或缺的重要存在。因此，制作地图符号集合的符号库，在地图制图及 GIS 中有重要地位。截至目前，国际上对 ArcGIS 的符号库仍然没有针对性的标准。在制作灾害专题图时要求能尽可能清晰、全面地展示被表示要素或其他数据，对于灾后应急测绘成果专题图的编制而言，要求能清晰地分辨出所表示要素的完整性和统计数据的值、图面美观、图面要素齐全、大小和放置位置合理。

在灾害专题图制作过程中，文字表示方式和符号应用十分重要，合理地应用文字表示方法和符号系统能整体提高专题图的美观效果，以及地图信息提取的效果。可视化表示方法一般为柱状图、饼状图、点密度等，符号系统一般按照点、线、面的顺序设计，要求整体效果和谐美观，如标记符号样式、线符号样式、填充符号样式等。

4.1.2 符号库制作

1. 标记符号制作

制作图片标记符号时，需要制作各种标记符号的基础图片（png 格式），如图 4-1 所示，可以从各个地方下载各种类型的图片，在 PS 软件中制作生成 png 格式的照片数据。如图 4-2 所示，选择标记符号类型—新建样式—图片标记符号—导入 png 格式图片—设置图片比例、大小、名称等属性，即可完成标记符号的创建。

2. 线状符号制作

线状符号是指沿某一方向延伸并有依比例的长度特性，但宽度一般不反映实际范围的符号。在专题图内容的表示方法中，用不同颜色、大小、粗细的线来表示呈线状分布的现象的质量特征、重要程度。图 4-3 是简单的制图线符号制作界面，沿着某个方向一直延伸且长度与地图比例尺成正比。例如，单线河流、道路、海岸线等符号。

第 4 章 灾情监测数据可视化分析及系统构建

图 4-1　图片类型符号样例

图 4-2　图片导入属性设置

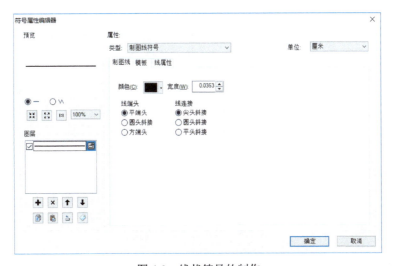

图 4-3　线状符号的制作

面由线构成,线由点构成。将多个同一标记符号排列,创建成线状符号,利用标记符号创建线状符号需要设置标记符号之间的距离。

模板:若需要制作周期性线状符号,需要修改模板中的一些参数,使周期性线段更加符合实际情况,如图4-4所示。其中的间隔表示对话框中每个小方块所移动的标准尺寸,标尺中的黑色小格代表有线符号的图形位置,白色小格代表线符号之间的间隔,灰色小格代表线符号为一个周期图案长度。

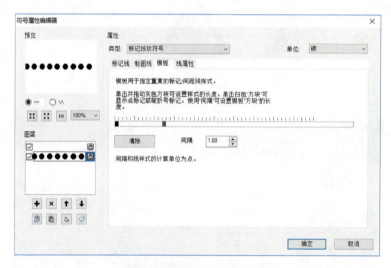

图4-4 周期性线状符号的制作

线属性:偏移是给定线符号相对于原始位置的向上或向下的偏移量,线整饰是线符号两端的样式形状的选择,如图4-5所示,一端有箭头、两端有箭头等。

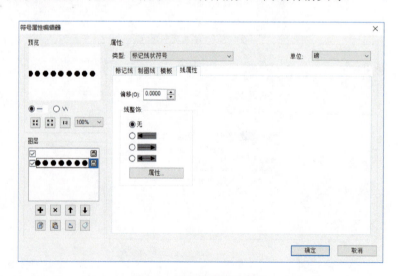

图4-5 线状符号属性设置

各属性项设置完之后就确定制作出一个线状符号了,输入线状符号的名称及分类。

3. 填充符号制作

填充符号用于绘制面状地物的符号属性，如区域界线、土地利用、房屋、园林、耕地等。填充有单色、两种颜色或多种颜色等多种模式。填充符号与标记符号的创建方法一样，图 4-6 是利用点状符号制作填充符号。

图 4-6　利用点状符号制作填充符号

4.2　数据库配置与发布平台搭建

对于技术可行性，要考虑在现有技术条件下是否能够顺利完成系统的开发，软件和硬件的配备能否满足开发的需求等。并且在无人机遥感影像获取，以及分辨率得到厘米级的改善的技术条件下，基于航拍影像进行灾情信息的全面获取与标准化制图，对获取的影像和灾情分析开展系统、深入的数据分析（孙玉超等，2017；Ma et al.，2015）。利用 ArcGIS Server 发布得到的数据，对灾害的预判、灾情控制及灾后重建等进行系统性的管理。通过调用数据构建具备灾情数据的管理、分析及灾后恢复与建设管理功能的监测应急响应的数据库平台。

4.2.1　台风基础数据库

1. 研究区域

"莫兰蒂"超强台风过后，经过初步统计，厦门共有 566 家企业受灾。农作物受灾面积为 10.5 万亩，房屋倒损 17907 间（多数为工棚），整个灾害造成的直接经济损失为 102 亿元，厦门市转移 47336 人，1 人在台风中死亡。厦门市共 140 万户停水，103 座加油站因为缺电和硬件损坏一度暂停营业，超过 90%的绿化面积受损，60 多万株树木倒伏。"莫兰蒂"超强台风具有这样的破坏力并不意外。根据厦门市气象局信息，2016 年 9 月 15 日 3 时左右，台风最大阵风记录也只有 47.1m/s。"莫兰蒂"超强台风到达厦门市翔安区后，其在整个后半夜都在肆虐整个厦门市，东渡气象站记录有 51.3m/s 的阵风（张丽佳等，2009；马华铃，2016；牛海燕，2011；Lee et al.，2008）。本书选取"莫兰蒂"超强台风对厦门市集美区受灾地区进行研究，红色范围为本次研究范围，如图4-7所示。

图 4-7 厦门市集美区研究地区范围图

2. 灾情矢量数据库

由无人机航拍影像、航拍视频及实地考察可以了解到，灾后对人们出行及生活造成影响的主要为倒伏树木、倒伏电杆、倒伏路灯等公共设施，同时为了解各地物的具体受损情况及相互间的影响，对各地物进行分类解译、扩展要素属性，并创建矢量数据库，如图4-8所示。

本书对受灾地区灾情进行以下分类。

点要素：倒伏树木、倒伏电杆、倒伏路灯。

面要素：厂房受损区、积水区、房屋破损区、受损耕地、受损交通用地、受损停车位、受损园林用地、树木倒伏区、铁皮房受损区、村庄范围线等。

图 4-8 集美区台风专题数据库

为了便于后期的网络管理、分析及可视化，将为不同的受灾体录入各种属性。

3. 要素属性信息

要素属性表应具体反映出要素的相关信息，根据研究的需要，添加的字段如图4-9所示，大致应包括序号（OBJECTID）、图斑类型（DLMC）、面积（TBMJ）、坐落地物编码

（ZLDWDM）、坐落地物名称（ZLDWMC）等；另外，通过属性表，可以对受灾地区灾情的相关数据信息进行统计，如受灾体数量、面积、坐落地物等。

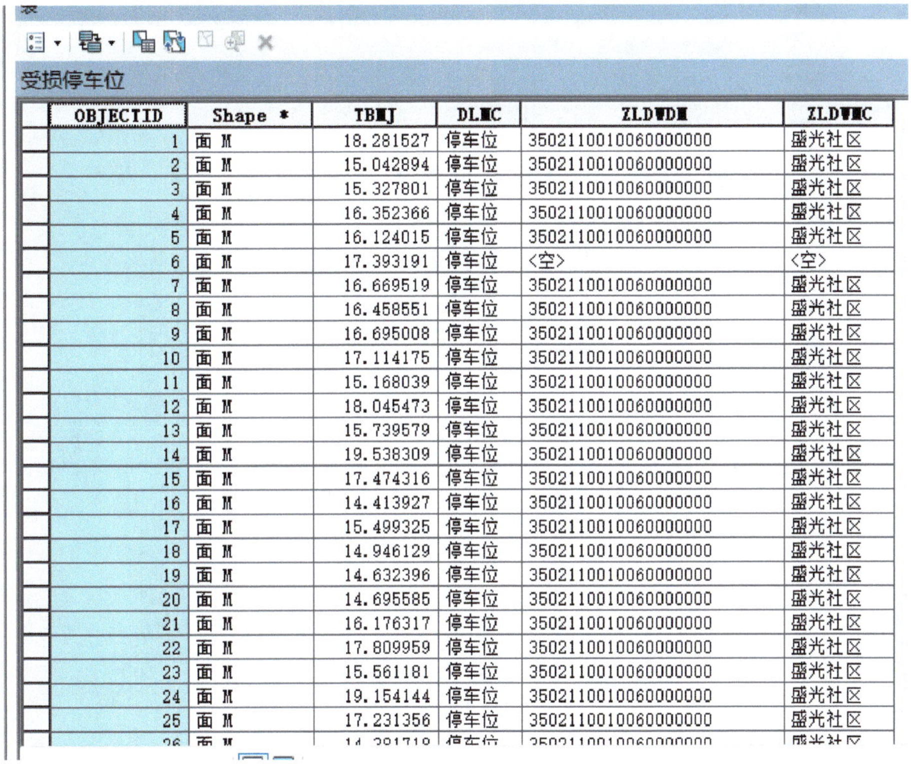

图 4-9 图斑要素属性字段

4.2.2 发布图层设置

1. 图层信息设置

为了使上传的数据更加美观和实用，要对图层进行优化处理。例如，设置参考比例尺缩放符号、填写透明度、指定显示比例范围、设置图层要素的颜色或大小等。

用地图进行网络管理时，每次能查看的图层页面大小受到很多限制，在观看图层时不可能一次性查看所有要素图层的信息，这时需要"设置缩放时超过下列限制不显示图层"，目的是在浏览图层要素时可以在不同的比例尺下检验不同的图层要素信息。这样能更加清楚地了解图层中所表达的信息，如图 4-10～图 4-12 所示，进行一些图层的基本信息设置。

打开"文件"—选择"台风灾害专题数据"—右击"倒伏电杆"选择"属性"—"图层属性"中选择"常规"—"指定用于显示此图层的比例范围"选择"缩放超过下列限制时不显示图层"—设置"缩小超过（根据整体图层来选择比例尺）和放大超过"—"图层属性"中选择"显示"—将"设置参考比例时缩放符号"取消—填写"透明度"。

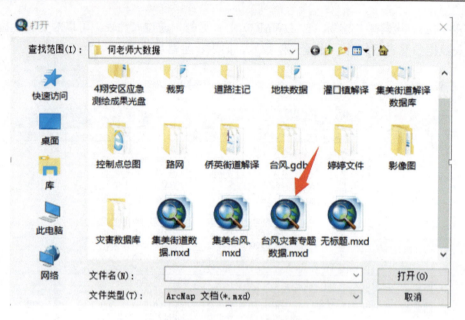

图 4-10　台风灾害专题数据

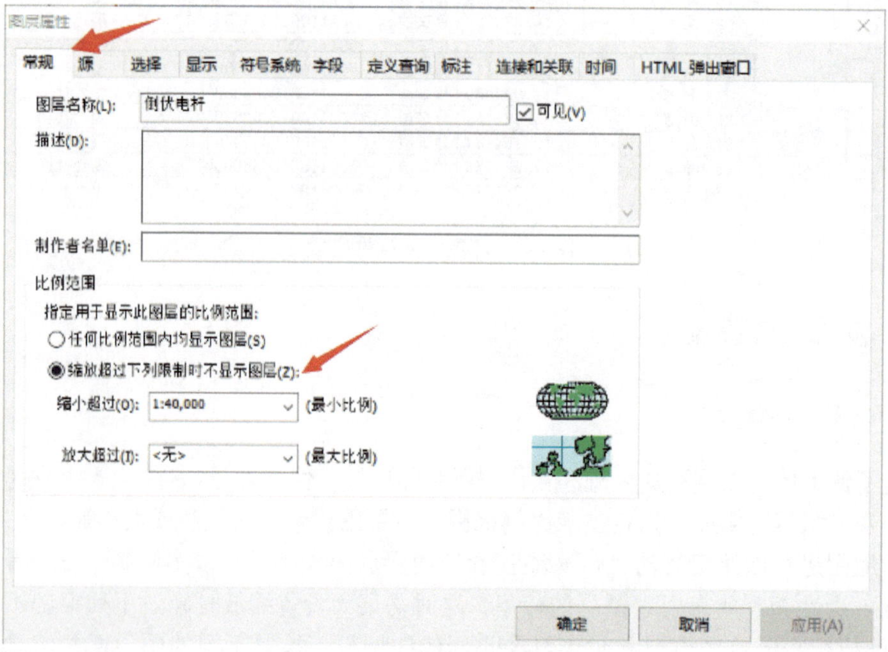

图 4-11　图层常规功能

第 4 章 灾情监测数据可视化分析及系统构建

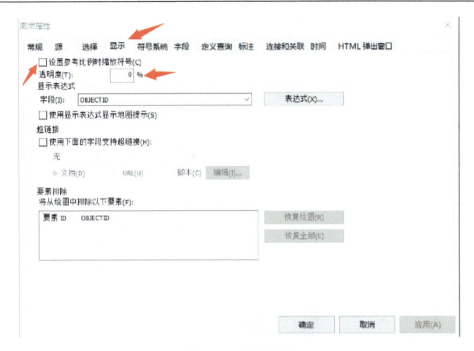

图 4-12 透明度选择

符号可以直观地突出地图中的要素信息，所以对于地图中的要素符号，要选择直观、符合实际情况的样式。这可使使用者更快、更精确地掌握灾害信息。

如图 4-13 所示，设置图层要素样式，双击"图层"要素符号—根据显示要求选择图层样式—可根据显示要求更改颜色、大小等。

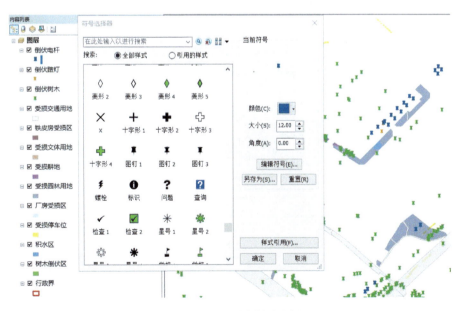

图 4-13 图层要素样式设置

为了使数据在上传到网络服务平台后能全图显示,需要对数据框做一些基本设置,使数据能全部显示出,不然会出现数据丢失的现象,如图 4-14～图 4-16 所示,在功能栏中选择"视图"—选择"数据框属性"—在"全图命令使用的范围"中选择"其他—指定范围"—在"全图"功能栏中选择"要素的轮廓"—在"图层"中选择"行政界"—选择"要素"(可见)—"确定"后,点击功能栏的"地球"。

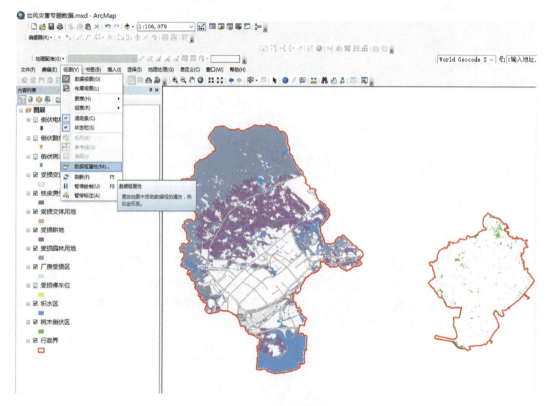

图 4-14 选择数据框属性

图 4-15 指定范围

第 4 章 灾情监测数据可视化分析及系统构建 ·75·

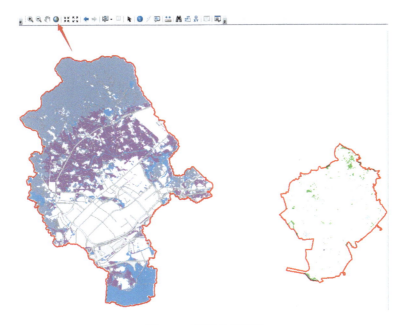

图 4-16 图幅显示范围

2. 偏移纠正

这里需要的数据坐标都是 WGS 84 坐标，所以需要对一些影像数据进行影像配准，所有的数据都要设置在 WGS 84 坐标系中。当所有数据都在同一位置时，便于统一管理与调用，配准时选用中国地图彩色版作为底图。

添加底图：选择文件—"添加底图"—选择底图，如图 4-17 所示（最好选择特征物明显的底图，容易判断）。

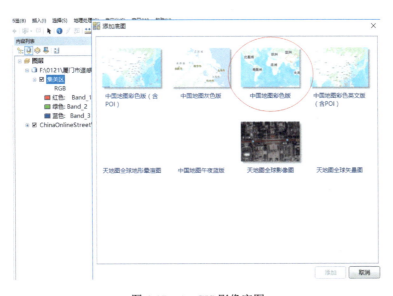

图 4-17 ArcGIS 影像底图

地理配准：右击选中工具栏中的"地理配准"工具（图 4-18）—在"地理配准"工具栏中选择需要配准的影像图—选择"集美区"—点选影像图特征点（默认为绿色十字）—在勾选取消的情况下在底图上点选与特征点相同的位置（默认为红色十字）—在"地理配准"工具栏下选择"校正"。地理配准过程中选取的特征点要覆盖全图，点尽量多，确保配准精度。

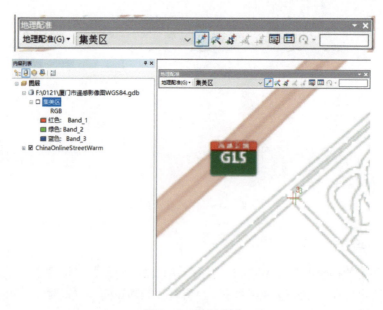

图 4-18　配准过程

4.2.3　构建网络发布平台

1. 添加网络服务

首先需要配置 ArcGIS Server 的驱动，在安装好 ArcGIS Server 后，启动 ArcGIS，在 ArcGIS 的工作目录中，需要添加 ArcGIS Server 网络服务平台，如图 4-19 所示。

数据发布之后存储的位置很重要，方便管理与调用。可以将数据直接上传到服务器端口，设置服务器管理员，可以通过管理员登录服务器端口查阅已经发布的数据。因此，需要在发布时设置发布数据的存储位置。

选择"管理 GIS 服务器"配置数据发布之后的存储位置；数据可以发布到局域网或服务器上。在服务器 URL（U）中输入 http://myserver：6080/Arcgis，其中 Arcgis 为实例名，具体名称根据自己安装时的设置而定（图 4-20）。"身份验证"处

图 4-19　服务的添加

填写安装 ArcGIS Server 时创建的用户名和密码。

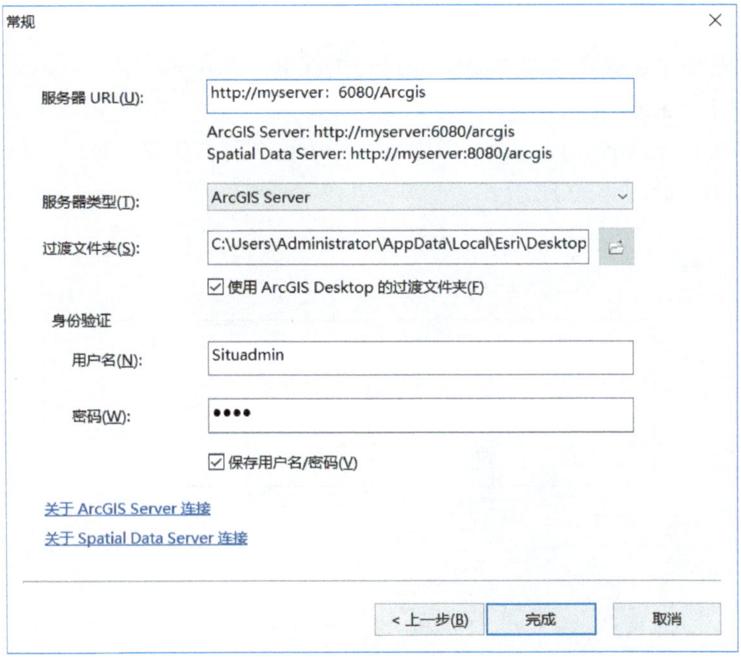

图 4-20 添加服务器

图 4-21 中为配置好的 ArcGIS Server 服务器平台,在 ArcGIS 的工作目录面板的"GIS 服务器"节点下会显示已经连接上的 ArcGIS Server 服务器。

图 4-21 服务器平台的管理者与发布者

2. 配置发布数据属性

在 ArcMap 界面添加预发布的灾害数据，在属性菜单中编辑渲染方式，设置符号化方式后，从文件菜单中选择保存菜单。定位到某文件夹，输入文件名，点击保存按钮。将此文档作为 ArcGIS Server 地图服务发布的文档。

预发布的数据库准备完成之后，开始在 ArcMap 中发布数据，对以上配置好的灾害数据进行发布共享，如图 4-22 所示。

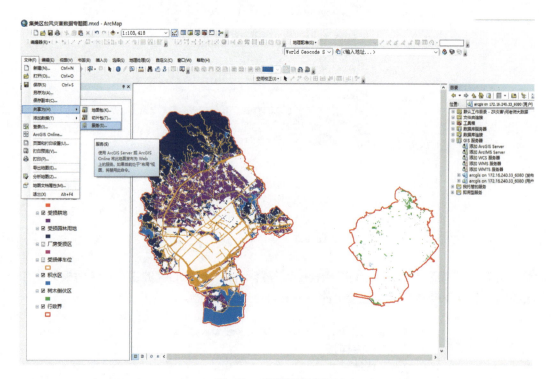

图 4-22　配置服务资源

在发布服务窗口中选择创建的连接，填写服务名称，在此填写的是英文名称，便于后期数据的调用。点击"下一步"，创建文件夹，对不同的数据文件分类。完成参数选择设置。数据名称设置如图 4-23 所示。

在上传时还要对数据进行切片处理，进行切片处理后的矢量数据会按照切片处理时设置的大小在网络服务平台上进行显示，在不同比例尺的图层范围内，切片的大小不同、显示图层信息的快慢不同，并且在数据处理上会更加方便。完成参数设置，点击"继续"按钮，弹出服务编辑器窗口，可以在这里设置相关的属性，如图 4-24 所示。

启用抗锯齿可以使显示效果更好。地图服务—MapServer FeatureAccess—要素编辑，需要使用 ArcSDE Schematics—逻辑图扩展—Mobile Data—Access—Windows Mobile 地图服务。

Network Analyst—网络分析扩展 WCS，WMS，KML，WFS—OGC 服务。

第4章 灾情监测数据可视化分析及系统构建

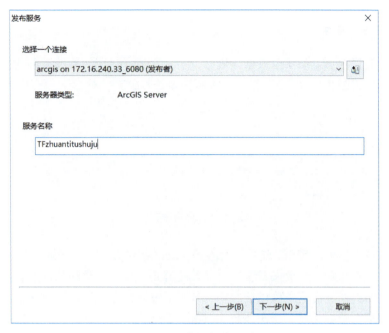

图4-23 数据名称设置

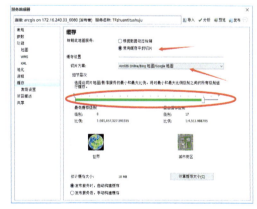

图4-24 属性设置及切片处理

3. 检验数据与发布

配置完所有信息后，需要对数据源进行分析，看是否存在问题或遗漏属性，设置完服务参数后，选择"分析"，对要发布的资源和参数进行分析，检查是否有问题，如图 4-25 所示。

图 4-25 分析数据

如果分析后有错误或警告，这些信息会在 ArcMap 中显示，可以通过信息来查看问题的原因，也可以通过双击记录来查看错误并及时修正，应该注意的是，如果出现错误信息服务是无法发布的，警告信息可以被忽略。分析后没有问题，便可以选择"发布"来发布地图资源，将地图数据传送到服务平台上（图 4-26）。

图 4-26 上传数据

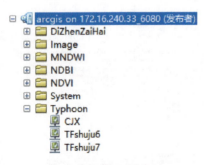

图 4-27 数据存储空间

上传完成后，在 ArcMap 中，在右侧 ArcGIS 工作目录面板的"GIS 服务器站点"（图 4-27）节点下就可以看到发布的服务了。

4.3 系统总体结构及关键技术

目前，台风应急响应预报和灾后恢复的主要方法是收集各地区的灾损数据信息并对其进行分析。然而，预测精度和特殊维修的精准度都较差,卫星遥感技术的使用成本高、分辨率低,无法满足灾后应急测绘的需要,利用无人机遥感技术的时效性可以弥补无法在灾后第一时间进行应急救灾的不足,而通过建立基于无人机进行遥感数据获取、信息处理提取、统计分析及集成开发的技术,可以准确、快速地对灾后重建项目进行应急修复。

第一,利用爬虫技术获取历年台风 JSON 数据文件,服务器向数据库进行数据调用后以图表的形式展现,可以让相关部门直接、清楚地了解历年台风的风速、路径等信息,总结台风路径规律及影响范围,由此预测未来台风的相关信息,并提前制定有关台风预警和台风灾后重建策略,为减少市民的财产损失和保障市民的人身安全做充分的准备。

第二,利用无人机遥感技术获取厦门市集美区"莫兰蒂"超强台风灾后遥感影像图,并对其进行数据分析,制作成各种受灾体分布与统计专题图。通过 Tomcat 和 ArcGIS Server 服务器将统计专题图上传至 PostgreSQL 数据库并调用,实现灾后要素信息统计可视化及输出报表。

第三,通过集成应用空间分析、移动 GIS、WebGIS 技术及相关业务流程对无人机遥感获取的相关数据成果进行可视化分析与应用开发研究,建立与目前台风应急测绘软硬件设备发展相匹配的信息加工处理、分析及开发应用技术手段,使得无人机遥感技术作为台风应急响应管理方法更加一体化、系统化,更加具有适用性和广泛性。

本书基于成套化无人机航拍及信息资源开发利用技术,从城市应急及灾后管理两个层面展开一系列研究工作。具体包括以下内容。

第一,基于无人机遥感系统的厘米级正射影像的获取与分析,建立树木、路灯、电杆、农棚、厂房、民房、积水区等多目标受灾体的无人机影像解译标志,以"莫兰蒂"超强台风灾后影像航拍资料及历史台风信息为数据基础解译并编制灾损数据库,为"莫兰蒂"超强台风灾后应急救援与协调决策提供直观、全面的第一手信息资料(欧阳志云等,1999)。

第二,基于"莫兰蒂"超强台风灾后影像航拍资料和历史台风信息数据资源及分析方法,通过系统开发实现数据集成化管理、流程化处理及可视化制图输出。充分利用无人机遥感数据与相关数据成果、分析方法、业务流程多功能集成开发,使其为提升对台风的应急响应能力及城市灾后治理水平提供技术参考。

第三,将无人机遥感技术获取到的厦门市集美区"莫兰蒂"超强台风灾后遥感影像图作为此次研究的主题对象,并对其进行数据分析,制作成各种受灾体分布与统计专题图。通过 Tomcat 和 ArcGIS Server 服务器将统计专题图上传至 PostgreSQL 数据库并调用,利用 JS 技术结合 CSS 进行修饰,并通过 Echarts 等控件功能实现灾后要素信息统计可视化及输出报表。

4.3.1 系统总体结构

本书论述了台风应急响应集成系统利用爬虫技术,抓取"台风气象台台风网"网站上历年的台风信息数据,系统后台架设有 PostgreSQL 数据库的云服务器,用来接收抓取的台风信息数据,为系统客户端提供数据来源。在对台风应急响应综合系统和 WebGIS 技术的应用现状深入了解的基础上,结合实际情况,对台风应急响应集成系统的数据库建设进行研究分析,在相关技术的支持和发展条件下,确定了适合台风应急响应集成系统的开发架构、网络功能模块、系统地图结构等,客户端选择了 HTML 进行架构,并结合 JavaScript、CSS 等语言对其进行修饰,结合 WebGIS 技术与 PostgreSQL 数据库,在 Tomcat 与 ArcGIS Server 服务器上进行开发。本书根据系统设计需求与可行性分析,提出了台风应急响应集成系统的总体设计结构,本系统采用的 B/S(浏览器/服务器)构架分为三层框架体系,即数据服务层、逻辑服务层及 Web 表现层,其中逻辑服务层又可以分为 Web 服务层及业务逻辑层,其结构如图 4-28 所示。

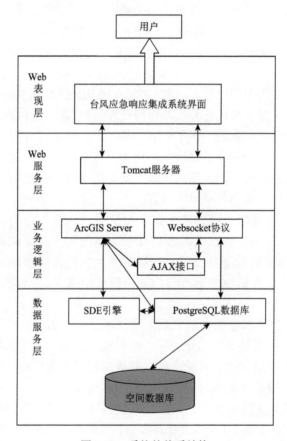

图 4-28 系统的体系结构

1. 数据服务层

数据服务层包括台风信息数据库和空间地图数据库。其中,空间地图数据库与 PostgreSQL10 相对应,PostgreSQL10 数据经 ArcSDE 引擎和 ArcGIS Server 为系统提供地图数据源。数据服务层主要存储系统空间地图数据及非空间属性数据。

2. 业务逻辑层

业务逻辑层即 GIS 服务器,在业务逻辑层中,服务器对象是从 ArcGIS Server 服务器中获取的,而地图数据接口也是从 ArcGIS Server 服务器中获取的,因此提供了一个空间 Web 服务供 Tomcat 服务器使用。

3. Web 服务层

Web 服务层即 Web 服务器,该台风应急响应集成系统将 Tomcat 作为服务层中的 Web 服务器。

4. Web 表现层

Web 表现层即客户端,它通过浏览器显示出地图数据的内容,用户可以执行相应的操作,如用户可以浏览、查询台风信息和"莫兰蒂"超强台风遥感影像专题图数据及使用地图缩放等功能。

4.3.2 Web GIS 技术

WebGIS 是利用互联网技术来扩充和完善传统 GIS 的一项新技术,其技术核心是在传统的 GIS 中嵌入 HTTP 标准应用系统协议,并在互联网环境下实现空间信息的管理和发布,以实现全社会各领域、各部门之间对于地理空间信息和数据资源的共享和互操作性,有效地提高地理空间信息数据的维护工作和查询发布等功能的效率。

WebGIS 是基于网络的 C/S（client/server system）系统；利用互联网来进行客户端和服务器之间的信息交换；WebGIS 是一个将数据以分布式的形式存储的系统,在各个地区及其分布的计算机平台上部署的用户和服务器可以利用互联网进行信息交互。WebGIS 主要功能是对空间地理信息数据进行发布,提供空间模型服务、Web 资源,以及空间查询与检索等服务功能。与传统的 GIS 相比,WebGIS 在体系上有着重大的革新和发展,WebGIS 既可以实现传统的 GIS 的功能,又可以实现地理信息方面的数据采集、存储、处理、整理、管理分析和可视化等功能。现阶段 WebGIS 应用得最多的功能包括以下几个。

1. 地图可视化和查询功能

WebGIS 中最常见的功能是在线地图的显示,它相当于 WebGIS 的基础。我们对地图上的地物具有的属性数据及空间数据进行查询,并且与传统的 GIS 软件相比,WebGIS 提升了用户使用的方便性,使得全球范围内任何一个互联网用户都可以对 WebGIS 服务器提供的各种 GIS 服务进行访问,以及对地理信息系统的数据进行更新管理。而 WebGIS 所具有的特性极大地方便了地理信息系统数据的存储和管理,使得分布式多源数据的管理和存储更容易实现。

2. 地理信息传播

WebGIS 在客户端上需要使用 Web 浏览器及插件,由于其客户端操作简单的特性,WebGIS 可以与网上的其他信息服务进行交互,以创建灵活多样的 GIS 应用程序来满足用户的需求。使用通用的 Web 浏览器，无论服务器与客户端是什么机器型号，无论使用什么种类特性的 GIS 软件，用户都可以方便、透明、快速地访问 Web GIS 数据，可以在任一服务器上进行分布式多源数据的处理与分析，实现地理信息数据的共享，有效地利用数据等资源，避免数据的重新采集和资源的浪费。

3. 地理空间分析

Web GIS 不仅是在线地图，它还是一个能提供许多空间分析功能的工具箱。例如，可以通过各类灾害预测模型来计算出有可能发生灾害的区域范围，以减少各项损失。而 Web GIS 可以根据所需要的功能进行定制，达到精准、快速地解决问题的要求。

当前 WebGIS 相关的应用越来越普遍，如林业、农业、气象、国土资源、公共交通、城市规划和建设等相关部门都建立相应的 WebGIS 系统。而台风具有季节性、多变性、破坏性等特点，但随着科学技术的发展，有关部门也能对台风作出应急措施，各地气象局也纷纷构建其 WebGIS 气象信息网站，及时地向社会和公众发布有关通知信息。

4.3.3 JavaScript 语言

JavaScript 是世界上最流行的客户端脚本语言，在电脑、手机端上浏览的网页，以及基于 HTML 的 APP 等应用程序的逻辑交互都是由 JavaScript 构成驱动。JavaScript 常用来给 HTML 网页添加动态功能，如响应用户的操作、动画交互效果等。如今互联网上大部分网页设计都使用它，其称得上是世界上使用最频繁的浏览器语言之一。而 JavaScript 的出现使得应用程序和用户之间形成了一种友好性、实时性、交互性、广泛性的关系，让应用程序拥有多元的元素资源和更加精彩丰富的内容。而 JavaScript 与 CSS、HTML 架构等功能自定义结合起来，通过在客户端上运行，有效地提高了应用程序的反馈速度和交互能力。

在 Web 世界里，JavaScript 起到了关键作用，通过调用 MooTools、Prototype、jQuery 等 JavaScript 框架及 JavaScript 类库，使得重复的 HTML 文段简化；通过使用 JavaScript 中的 DOM 文本对象模块，既可以访问所有的 HTML 元素和它们所包含的文本和属性，也可以创建新的元素对其中的内容进行修改和删除。JavaScript 具有可以自由操纵各种页面对象的优势，在网页设计中，通过调用 JS 文件来控制页面中元素的状态、外观和运行的方式，以及能根据用户的需求进行网页设计，使用户体验更加友好。

4.3.4 PostgreSQL 数据库

PostgreSQL 的对象-关系数据库管理系统是由 Berkeley 的 Postgres 发展而来的。经过十几年的开发与发展，PostgreSQL 作为目前全球最先进的开源数据库之一，提供了多个版本的并发控制功能，PostgreSQL 可以在非常广泛的范围中获得（开发）语言的绑定（包括 C，C++，Java，Perl，tcl 和 python），并且支持几乎所有的 SQL 组件（包括子查询、用户自定义类型和事务处理及功能函数等）。它的开发和设计服务为客户端的服务器后台数据管理存储数据库服务,该数据库服务可以使客户端利用独立处理信息机制以便访问服务器数据。PostgreSQL 数据库通过设计数据存储管理、数据检索模型,为客户端平台提供一个符合逻辑、结构合理、数据完整和支持多用户并发的后台关系。

PostgreSQL 利用 GNU Readline 进行交互 SQL 查询,并且使用一种称为 MVCC 的多行数据存储策略来使 PostgreSQL 在高容量环境下进行全局存取,实现大容量、高性能的数据存取功能。PostgreSQL 中最常用的公共项目是 Open FTS 和 Post GIS,而 Post GIS 是一个在 PostgreSQL 中增加对地理对象支持的项目,它作为 GIS 的空间数据库而被使用。最重要的是,它可以支持自主配置和调整,以修改数据库数据和结构,满足不同用户和相关部门的需求。因此,PostgreSQL 不仅是强大的数据库系统,还是一个内部 RDBMS 开发平台,用于开发网络或商业软件产品所需的功能的数据库平台。

4.4 系统分析与设计

4.4.1 系统目标

由大量的研究现状分析总结可知,目前大多数台风研究系统是在卫星影像的基础上对台风灾情进行分析,导致时效性弱、分析方式不够深入、灾情信息内容不够系统、系统集成开发应用有待挖掘的研究现状。本书的主题是针对政府及相关机构对台风灾害分析和监测服务的需求,结合 PostgreSQL 数据库、HTML 架构、Tomcat 和 ArcGIS Server 服务器,并且通过集成应用空间分析、移动 GIS、WebGIS 等相关技术对无人机遥感获取的高分辨率影像数据成果进行可视化分析与应用开发,以提高台风的应急响应能力,以及为灾后城市修补工程的规划、管理提供快速、精准、透明的集成化技术平台。

4.4.2 系统地图模块设计

Leaflet 是领先的开源 JavaScript 库,用于构建移动友好的交互式地图,它为用户提供了大部分在线地图开发的功能。Leaflet 在开发设计方面一直遵循简单、高性能和可用性的理念,在所有的主要桌面和移动平台上都能高效运作,它利用了 HTML5 和 CSS3 在现代浏览器中的优势,并支持插件拓展,以及支持在旧的浏览器上进行访问。ArcGIS for JavaScript API 开发难度大,结构复杂臃肿,为改变代码的结构和增强系统的可拓展性,将系统的地图框架转换为 Leaflet。在系统框架 HTML 文件中,在'map'div 中创建一个地图,添加我们选择的地图,然后在弹出的窗口中添加一些带有文本的标识。具体代码实现步骤如下。

(1) 配置 leaflet 的基础层的初始化。

```
var baseLayer=L.tileLayer('http://{s}.tile.openstreetmap.org/{z}/{x}/{y}.png');
```

（2）加载台风矢量数据层。

```
var shplayer=L.esri.tiledMapLayer({
url:'http://172.16.240.33:6080/arcgis/rest/services/Typhoon/TFshuju7/MapServer',});
```

（3）加载台风影像层。

```
var imalayer=L.esri.tiledMapLayer({
url:'http://172.16.240.33:6080/arcgis/rest/services/Image/TFyingxiang6/MapServer',});
```

（4）定义台风点、线数据热度层。

```
var pointOverlayer=L.layerGroup();//typhoon point layer
var lineOverlayer=L.layerGroup();//typhoon line layer
```

初始化设置地图中心位置及缩放级别。

```
var map=new L.Map ('mapContainer',{center:new L.LatLng(24.65,118),zoom:13,layers:[baseLayer,imalayer,shplayer,lineOverlayer,pointOverlayer]});
```

4.4.3 系统数据库设计

自 2017 年 12 月起服务器数据库完成后，系统设计存储了历年台风信息数据及集美区灾害专题图等受灾体数据。"莫兰蒂"超强台风对厦门造成巨大的影响，通过无人机遥感技术重点对厦门市集美区进行航拍，得到高精度影像，并通过现场勘查与需求分析，在服务器中建立了 12 个解译标志数据表，见表 4-1。

表 4-1 解译对象数据表

序列	表中文名	表英文名	数据类型
1	倒伏树木	treepoint	point
2	倒伏电杆	polepoint	point
3	倒伏路灯	lightpoint	point
4	积水区	waterarea	area
5	受损耕地	landarea	area
6	房屋破损区	housearea	area
7	受损停车位	parkingarea	area
8	厂房受损区	workshoparea	area
9	受损交通用地	trafficarea	area
10	受损园林用地	gardenarea	area
11	铁皮房受损区	ironhousearea	area
12	树木倒伏区	treearea	area

4.5 系统开发与实现

4.5.1 地图显示模块

目前气象观察的台风信息包含的内容众多，包括台风名称、风力、风速、中心位置、中心气压、风圈半径、定位时间、移动方向及速度、24h 及 48h 预报、预报气象台等。本系统在地图显示功能方面主要有地图设计、发布服务和台风信息显示，以及地图基本操作功能。图 4-29 为系统主界面。

图 4-29 系统主界面

地图的基本操作包括地图的放大、缩小功能，地图的漫游功能及图例的显示功能，主要是为了用户能够更加方便、快捷地对地图进行操作，以达到全面获取地图相关信息的目的。

1. 地图的放大和缩小功能

由于目前只有"莫兰蒂"超强台风厦门市集美区的灾害遥感专题图，所以在打开台风应急响应系统时，系统会直接将集美区的灾害遥感专题图放置在适合屏幕大小的中心位置，以便让用户直观地看到该专题图的各类信息。用户选择台风后，系统会自动在 OpenStreetMap 所提供的世界地图中生成该台风的信息，用户可以通过系统界面左上角的放大、缩小功能键或者鼠标上的滚轮按钮来实现地图的放大、缩小功能。

2. 地图的漫游功能

用户只需按住鼠标左键对地图进行操作即可实现拖动功能，达到地图漫游的效果。

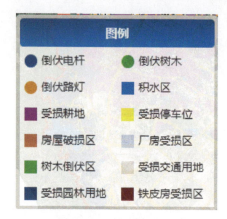

图 4-30 图例显示界面

3. 图例的显示功能

该系统界面的左下角有一个图例的功能按钮，点击按钮，能显示出目前上传的"莫兰蒂"超强台风厦门市集美区的灾害遥感专题图中的各类受灾体图例信息，将图例信息与专题图进行比对，即可得到受灾体所表示的信息。图 4-30 为图例显示界面。

4.5.2 台风信息模块

某地区发生台风时，政府部门及有关单位最关心的就是台风移动的轨迹和其经过的区域，以及台风的各种信息，如台风的风力、风速、中心位置、中心气压、移动方向和速度，获取到台风的有关信息后，有关部门才能对灾后或即将受灾的地区制定出相应的救灾方案和预防措施。

该系统的台风信息查询功能是根据台风发生的年份进行查询。系统主界面的右上角有一个"选择台风"按钮，点击它后在界面中选择相应的年份，系统会自动按时间顺序排列出选择年份中所有台风的时间、名称信息。用户可以选择感兴趣的台风，客户端会根据所选择的台风显示统计图和统计表，台风统计图上显示台风的开始和结束时间、风速和风力信息，在统计图中可移动鼠标，当鼠标移动到随机点位时，会显示该台风在此时刻的风速和风力数据信息。台风统计表中显示每隔 3h 台风中心所处的经纬度，以及风力和风速信息，以便有关部门对台风波及地区进行有效的损失估计。查询台风信息功能栏如图 4-31 所示。

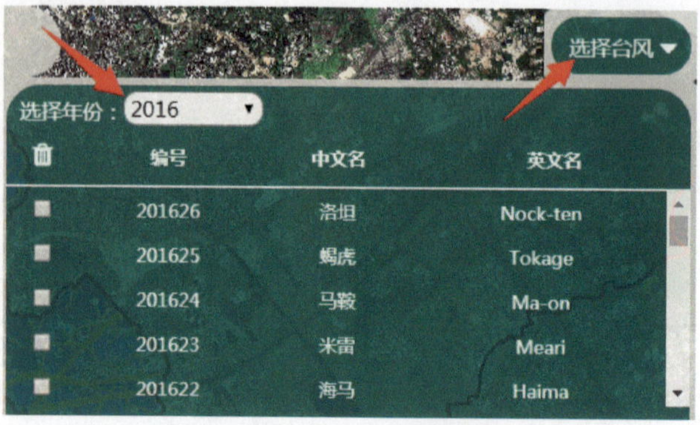

图 4-31 查询台风信息功能栏

关于台风路径显示，用户选择指定的台风记录，可以通过折线图更加直观地对台风运动轨迹进行查看，并对台风的起源地和台风所波及的地区有直观的了解，与此同时，台风运动的强度也随着其折线图展现给用户。该系统设计的台风路径显示功能中，结合了 OpenStreetMap 所提供的世界地图，选择台风后，可通过对地图使用放大或者缩小功能使台风路径显示出来，包括台风的轨迹和分布在轨迹上的节点，使得用户以直观的视角观看台风的运动轨迹，此外，用户还可对多条台风进行选择，以对比得出相关信息。

该系统使用了 OpenStreetMap 提供的方法，使用这个方法可以从 OpenStreetMap 的服务中获取地图，并通过 JS 进行封装，通过 Leaflet 提供的方法代码进行系统调用。因此，在通过爬虫抓取软件获取到的台风基础信息中，可以对台风的路径数据进行批处理，得到 JSON 格式的数据，再通过服务器为台风路径图层创建服务，加载某一条台风路径时，只要在数据库中找到这条路径所在的文件，以及台风路径所在的图层，客户端就能加载路径并将其显示到地图中。添加的路径的关键代码如下。

1）绘制台风路径算法

```
function CreateGrapicLine (graphicArray,index){
if (index>0){var beforeLongitude=graphicArray[index-1].longitude;
var beforeLatitude=graphicArray[index-1].latitude;
      var afterLongitude=graphicArray[index].longitude;
      var afterLatitude=graphicArray[index].latitude;
          var polyline=[[beforeLatitude,beforeLongitude],
          [afterLatitude,afterLongitude]];}}
```

2）定义台风路径样式

```
var polylineGraphic=L.polyline(polyline,{color:'black'
            }).addTo(lineOverlayer); graphicLine.push
            (polylineGraphic);
```

若只有在地图上显示台风路径，还是不能使用户对台风的各项信息有清晰的认识，用户还是无法直观地了解台风在某些节点上的风速、风力、移动速度等详细信息。台风信息的展示有利于用户对台风的深入理解。台风的运动轨迹由许多地理位置点组成，用户在地图上移动鼠标，当鼠标放在某个具体的节点时，就会显示台风经过该节点的详细信息，如经过该点的时间、中心经纬度、最大风力及风速、中心气压、移动速度和移动方向等具体信息（图 4-32）。为了让用户更加清晰地对台风影响力有所了解，在系统主界面的右下角的菜单功能按钮中，点击数据分析功能，可选择以热力图的形式展示台风路径。

图 4-32　台风节点信息展示图

台风热力图的关键代码如下。

```
var cfg={"radius":20,
         "maxOpacity":0.8,
         "scaleRadius":false,
         "useLocalExtrema":false,
         latField:'lat',
         lngField:'lng',
         valueField:'count'};
```

4.5.3 图表功能模块

该系统中的图表库也是其主要功能之一。通过对 ECharts 控件的调用，系统可以实现以柱状图、折线图、关系图等形式对台风信息数据进行详尽的展示。

在选择台风显示功能中，选择图表的上半区将台风信息按照发生的时间顺序进行排列，使得各时间段的台风信息能够清楚地展现在用户面前，而用户可根据需求选择台风年份或是利用右侧的下滑栏对其他台风进行选择。选择图表的下半区则是将用户选择好的台风，通过系统提供统计图和统计表两种台风具体信息查看方式来展现。统计折线图中显示的是该台风开始到结束时间内的风速与风力大小信息，用户可根据需求拉动选择最下方的时间轴区间，从而获取最优的需求信息。同样地，数据表向用户展现台风的时间、经度和纬度、风力、风速等信息。图 4-33 为台风信息统计图、数据表。

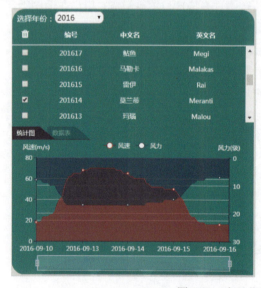

图 4-33　台风信息统计图、数据表

具体实现代码步骤如下。

1）设置 div 的样式

```
<div style="width:100%;height:290px;">
```

2）定义 Tab 选项卡名称

```
<ul class="tabs"><li>
        <a href="#"name=".tab1_1">统计图</a></li>
        <li style="pointer-events:none;">
        <a href="#"name=".tab1_2">数据表</a></li></ul>
```

3）初始化各个要素的样式设置

```
<div class="content"style="background:#00796B;border-bottom-left-radius:25px;">
<div class="tab1_1"><div style="width:100%;height:264px;">
<div id='Container'style="height:100%;width:100%;border-bottom-left-radius:25px;"></div></div></div>
<div class="tab1_2">
<table table id="popup-tab-table-thead"class="table"style="color:white;">
<table table id="popup-tab-table-tbody"class="table"style="color:white;">
        <tbody id="pathTbody"></tbody></table></div></div></div>
```

为了改善大多数台风研究系统分析方式不够深入、灾情信息内容不够系统、系统集成开发应用有待挖掘的研究现状，该系统针对已获取到的"莫兰蒂"超强台风厦门市集美区的灾害遥感专题图进行数据统计模块的开发。在系统主界面右下角的菜单功能按钮中，点击数据统计按钮，在数据统计界面中选择不同的统计类别进行现状图和柱状图的统计。用户可以在统计类别中选择倒伏电杆、倒伏路灯、积水区、受损耕地、房屋破损区、厂房受损区、树木倒伏区、受损交通用地、受损园林用地、铁皮房受损区其中之一，并点击统计查询按钮，系统会根据用户所选择的条件以默认的柱状图形式来显示其统计结果。其统计结果是根据数据采集人员对集美区的各个受灾区进行数据采集工作汇聚而成的，统计柱状图的纵坐标代表统计类别的受损图斑面积，而横坐标表示集美区中各个社区、村落、居委会、开发区、农场等受灾分布地区。数据统计界面的右上角用户可根据需求切换数据，可以折线图进行展示，还可以通过区域缩放功能键将受灾严重的区域单独框选出来，对其进行数据分析，用户若是想与其他数据进行对比，可以使用该统计模块的保存功能，保存为图片 PNG 格式。图 4-34 为数据统计模块界面图。

部分实现代码如下。

1）定义指定要素样式设置

```
<div id="msg"><span style="color:white;">单位名称:</span>
<select id="countrySelect"style="height:35px;width:220px;border-radius:6px;"></select>
                        <span style="color:white;margin-left:10px;">要素类别:</span>
```

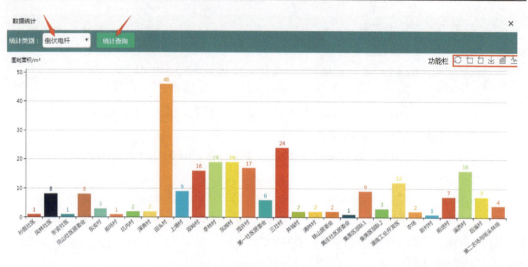

图 4-34 数据统计模块界面

```
<select id="featureSelect"style="height:35px;width:120px;border-
radius:6px;">
                        <option value="全部">全部</option>
                        </select>
```

2）定义按钮控件的样式

```
<div class="part1"style="height:100%;width:150px;background-color:
#739798;">
<button id='printButton' class='btn buttonStyle'style="background-
color:#FA8072;color:white;">
打印</button></div>
<div id="tableDiv" class="table-responsive part2" style="overflow-
y:auto;height:100%;width:calc (100%-150px);">
```

3）数据统计表要素的定义

```
<table id="test_table" width="100%" border="0" align="center"
class="table table-bordered table-striped"><tr class="thead"><th>
OBJECTID</th></tr> <tbody id="listTbody"></tbody> </table></div>
</div>
```

4.5.4 报表功能设计

近年来，随着大多数业务系统中面向 Web 的业务逐渐增加，提供系统的报表功能已成为业务系统必不可少的一项功能条件。该系统的报表管理模块可以为台风灾损信息等数据提供接口，以面向服务的方式提供查询统计输出结果的展示。

系统提供灵活的报表筛选功能，支持台风灾损数据信息分析和发布。信息报表及输出设定了两种信息选择模式，一种是把某一数据库中的全部数据进行输出和报表，而另一种则是用数据筛选条件进行查询的形式，选择输出和报表。

该功能模块的设计主要取决于用户的需求，设计的筛选条件应与用户的需求挂钩，所以该系统在开发过程中简化该部分流程，将数值以最简化的形式进行显示输出。该系统在报表功能模块中分为三层，第二层分别为请求监听、数据获取、报表输出。在第二层中，请求监听是数据库对用户的选择进行反馈；数据获取看似简单，实则包括多个步骤，首先需要连接数据库，从数据库中查询到系统用户需要的数据集，将其填充到报表中；报表输出只需要用户选择系统提供的相应格式。分析得知第三层为数据源连接、查询数据、数据填充、Excel 报表输出、TXT 报表输出。报表功能模块流程树如图 4-35 所示。

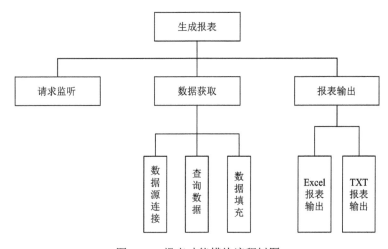

图 4-35 报表功能模块流程树图

4.5.5 报表功能实现

在系统主界面右下角的菜单功能按钮中，点击输出报表按钮，在数据报表功能模块界面，用户根据实际需求选择想要查询的单位名称及要素类别，接下来点击统计查询按钮，服务器会向数据库提出选择要求，数据库则会反馈给客户端，系统会显示相关单位名称、地类名称、图斑面积及图斑数量等灾情遥感专题图中的受灾体信息。当然，当该地区的要素不存在时，系统也会自动弹出提示框，提示用户该单位不存在该要素。图 4-36 为报表功能模块界面图。

4.5.6 数据导出与打印

在数据报表功能模块的左侧功能栏中，用户可以按照自己的需求进行查询，以及将查询后的结果进行输出，该系统提供 TXT、Excel 格式的数据输出与打印，为用户提供多途径的数据查看平台。报表打印主要有如下几个方案。

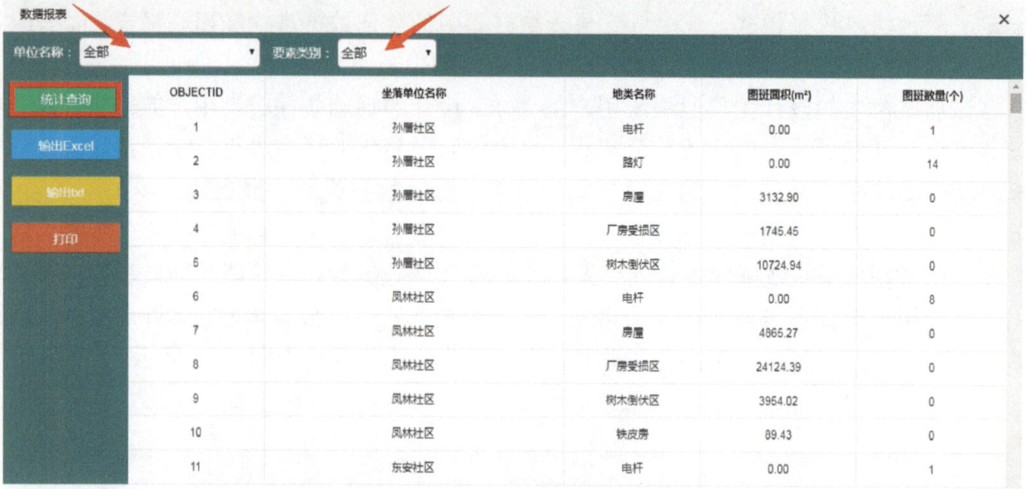

图 4-36　报表功能模块界面

1. 浏览器打印

用户只需在报表在浏览器上输出之后，使用浏览器自带的打印功能，当今主流浏览器的功能已经发展得比较完备。以 Mozilla Firefox 浏览器为例，其可以设置打印页面的打印方向，设置页边距，甚至添加页面和页脚等，这种方式不需要编写代码即可实现。

2. 导出文件后打印

导出文件后打印与浏览器打印类似，都是依赖于第三方的应用程序，以 PDF 格式为主，流行的 PDF 阅读器（如 Adobe Reader）已经发展得很成熟，用户可以在安装了 Acrobat Reader 插件的 Web 浏览器中阅读 PDF 文档。应用程序打开 PDF 报表后，可以利用应用程序本身的打印功能进行打印预览，以及进行精确的打印设置。所以，此种方案的实现需要导出模块及插件或应用程序的双向支持。

综上所述，报表生成器在报表输出后会生成 HTML 报表，使用浏览器自带的打印功能来实现报表的打印服务，方便而直接，可以设置普通的打印页面，或者添加时间、页码、标题、URL 等信息。图 4-37 为 txt 格式输出图，图 4-38 为 Excel 格式输出图，图 4-39 为打印预览图。

4.5.7　Cesium 技术简介

Cesium 是一个通过将 WebGL 作为图像渲染引擎，在 Web 浏览器上构建 3D、2D、2.5D 地图的 JavaScript 开源代码库。WebGL 技术的问世进一步加快了 Web 浏览器构建复杂的 3D 结构视图的发展。较过去 Web 浏览器在 3D 开发上需要使用各种网页渲染插件的形式，WebGL 不仅解决了 Web 浏览器在浏览 3D 视图时出现的卡顿、崩溃的现象，

厦门市集美区test_table.txt - 记事本

文件(F)　编辑(E)　格式(O)　查看(V)　帮助(H)

```
OBJECTID 坐落单位名称 地类名称 图斑面积(㎡) 图斑数量(个)
1 孙厝社区 电杆 0.00 1
2 孙厝社区 路灯 0.00 14
3 孙厝社区 房屋 3132.90 0
4 孙厝社区 厂房受损区 1745.45 0
5 孙厝社区 树木倒伏区 10724.94 0
6 凤林社区 电杆 0.00 8
7 凤林社区 房屋 4865.27 0
8 凤林社区 厂房受损区 24124.39 0
9 凤林社区 树木倒伏区 3954.02 0
10 凤林社区 铁皮房 89.43 0
11 东安社区 电杆 0.00 1
12 东安社区 房屋 6280.79 0
13 东安社区 厂房受损区 9944.09 0
14 兑山社区居委会 电杆 0.00 8
15 兑山社区居委会 路灯 0.00 7
16 兑山社区居委会 房屋 3336.19 0
17 兑山社区居委会 厂房受损区 20771.27 0
18 兑山社区居委会 树木倒伏区 115723.47 0
19 东安村 电杆 0.00 3
20 东安村 路灯 0.00 1
21 东安村 房屋 13961.40 0
```

图 4-37　txt 格式输出图

	A	B	C	D	E	F
1	OBJECTID	坐落单位名称	地类名称	图斑面积(㎡)	图斑数量(个)	
2	1	孙厝社区	电杆	0.00	1	
3	2	孙厝社区	路灯	0.00	14	
4	3	孙厝社区	房屋	3132.90	0	
5	4	孙厝社区	厂房受损区	1745.45	0	
6	5	孙厝社区	树木倒伏区	10724.94	0	
7	6	凤林社区	电杆	0.00	8	
8	7	凤林社区	房屋	4865.27	0	
9	8	凤林社区	厂房受损区	24124.39	0	
10	9	凤林社区	树木倒伏区	3954.02	0	
11	10	凤林社区	铁皮房	89.43	0	
12	11	东安社区	电杆	0.00	1	
13	12	东安社区	房屋	6280.79	0	
14	13	东安社区	厂房受损区	9944.09	0	
15	14	兑山社区居委会	电杆	0.00	8	
16	15	兑山社区居委会	路灯	0.00	7	
17	16	兑山社区居委会	房屋	3336.19	0	
18	17	兑山社区居委会	厂房受损区	20771.27	0	
19	18	兑山社区居委会	树木倒伏区	115723.47	0	

图 4-38　Excel 格式输出图

图 4-39 打印预览图

同时它良好的性能及出众的图像渲染能力越来越受到人们的认可和青睐。Cesium 通过集成 When JS 和 Knockout JS 等多种优秀的 Web 开发框架，使用 JavaScript 脚本语言进行开发，来搭建优秀的 3D 模型的开发平台。另外，Cesium 通过对 AJAX 的异步数据请求功能进行封装，实现访问服务器海量地理数据的功能。不仅如此，Cesium 为了满足互联网用户对 Web 浏览器中地图的显示和操作需求，对数据格式进行规范化，使其满足 GIS 的行业要求，并且 Cesium 支持 OGC 制定的 WMS、WFS 等网络服务规范，使其可以加载部署在服务端的地理空间数据，进而在浏览器中对地图数据进行可视化表达。

4.5.8 倾斜模型网络发布

为了能将倾斜模型在 Cesium 平台上进行二次开发，需要对倾斜模型数据进行格式转换，如图 4-40 所示，然而市面上的倾斜摄影模型较为常见的格式是 OSGB，虽然该格式适用于大部分客户端软件，但是在 Web 浏览器上加载时就容易造成 Web 浏览器高延迟、低帧率等不利影响。为解决这一问题，Cesium 开发团队基于 WebGL 图像渲染引擎设计出了 3DTiles 的数据格式规范，该格式的出现不仅解决了 Web 浏览器端在加载海量异构的三维地理数据时性能不佳的情况，还进一步提高了 Web 浏览器中三维模型交互的可拓展性。

无须人工干预，可用 Context Capture Center 软件，通过倾斜三维模型生成算法，使无人机拍摄的高分辨率影像自动生成 OSGB 格式的倾斜三维模型，Context Capture Center 4.3 版本可将 OSGB 格式的倾斜三维模型转换为 Cesium 3DTiles 格式的倾斜三维模型。虽然 3DTiles 格式较其他格式在 Web 浏览器上的显示操作方面有先天优势，但是为了使数据能

图 4-40 3DTiles 数据格式

够更加流畅地显示、操作,应选择 Node.js 来搭建后台服务器进行解析发布,简言之,Node.js 就是运行于服务器端的 JavaScript 脚本语言,它是一个基于 Chrome V8 引擎的 JavaScript 运行环境,也是使用事件驱动、非阻塞式 I/O 模型的服务平台。Node.js 轻量、高效的理念对于开发人员十分友好。将倾斜三维模型数据部署在服务器中后,就可以在浏览器中查看操作发布后的倾斜三维模型,如图 4-41 所示。

图 4-41 倾斜三维模型网页浏览

4.5.9 倾斜三维模型应用模块

在不同的应用场景中,倾斜三维模型可以与各类底图进行嵌套展示,为不同的用户提供相应的开发帮助,将倾斜三维模型的利用率最大化。Cesium 平台支持加载的数据源包括 Bing Maps、Esri ArcGIS MapServer、OpenStreetMap 和 Web Map Service(WMS)等,如图 4-42 所示。

加载 ArcGIS 地图服务接口:

```
var viewer=new Cesium.Viewer('cesiumContainer',{
        imageryProvider:new Cesium.ArcGisMapServerImageryProvider({
    url:'https://services.arcgisonline.com/ArcGIS/rest/services/World_Street_Map/MapServer'
        }),
        baseLayerPicker:false
});
```

图 4-42 倾斜三维模型与底图嵌套网页浏览

4.6 本章小结

本章针对现如今大多数台风研究领域是在卫星影像的基础上对台风灾情进行分析。如今大多数台风研究时效性弱、分析方式不够深入、灾情信息内容不够系统、系统集成开发应用有待挖掘,在这种情况下,设计台风数据抓取软件,架设 PostgreSQL 数据库、Tomcat 与 ArcGIS Server 服务器,并结合 Echarts 图标库、Leaflet 交互式地图库等技术开发实现完整的台风应急响应系统。系统通过集成应用空间分析、移动 GIS、WebGIS 技术及相关业务流程对无人机遥感获取的相关数据成果进行可视化分析与应用开发,实现了台风灾情监测、数据处理管理分析及灾情可视化展示等功能。本章将 ArcGIS Server 作为 GIS 服务发平台,以无人机遥感技术在"莫兰蒂"超强台风灾后厦门市集美、翔安、同安、思明 4 个区应急测绘、灾后规划的相关应用为研究工作基础,向用户提供简洁、准确、全面的台风历年数据和灾情专题图,为今后应急救援与协同决策提供信息支持,同时为每次台风来临做好重点地区要素类型丰富、现势性强的应急测绘地图信息数据资源储备,能够以史为鉴、提前做好防灾减灾的科学部署。

第 5 章 外立面测量及监管 GIS 平台构建

5.1 研 究 概 述

"莫兰蒂"超强台风灾害中一些建筑物的外立面被强风、刮落的树枝、临时建筑的铁皮破坏，影响市容市貌，政府安排专项资金改造主要干道建筑外立面，为了把灾后恢复工作作为进一步提升城市品质的契机，将灾害转为城市发展的机遇和动力，实现"转危为机"。建筑外立面改造作为一项政府的数额巨大的投资项目，如何准确获取立面各种部件的位置分布、尺寸、面积，是改造项目招投标、设计、验收各环节所迫切需要的重要信息。城市建筑代表一个城市的形象，也是城市景观的重要组成部分，所以它们在城市中有着重要的地位。建筑外立面不仅起到为建筑空间遮风挡雨的作用，更为重要的是，其形式构成展现了建筑的整体视觉形象，体现建筑的个性和特点，甚至传达了当地文化，代表一个城市的精神风貌。因此，对一些外观不是很合理的建筑外立面进行改造，其重要性不言而喻。如今，旧建筑改造工程日益增多，据统计，美国约 70%的建筑项目都与此领域相关，欧洲 80%的建筑业务属于旧建筑再利用。近几年，随着我国经济的蓬勃发展，城市建设的速度不断加快，人们对既有建筑的使用功能、美观程度、环保指数等也在提出更高的要求，这也使得对既有建筑改造利用的需求日益增大。继住房和城乡建设部于 2015 年 4 月将海南省三亚市作为首个生态修复城市修补（简称城市"双修"）试点城市之后，2017 年 3 月，厦门成为 19 个城市中第二批城市"双修"试点之一，街道立面的改造是城市修补的重要内容。沿街城市改造设计、实施、验收、结算生命周期涉及的信息量大面广。为了实现对建筑外立面快速测量并服务于立面改造的全周期管理，结合厦门同安区的同集路、滨海西大道、银湖中路，以及翔安区新霞路、龙新路、大帽山路、山岬路 30 余千米路段两侧的建筑外立面改造的实际工作，采用无人机遥感影像与三维激光点云数据相结合的方法，绘制总平面图、外立面图等系列成果，最终构建集成无人机遥感地图、外立面测量成果、规划设计及改造效果图等全过程资料的外立面测量及监管 GIS 平台。

5.2 基于航拍数据的总平面图编制

选用 FARO 三维激光扫描仪来完成这个项目的主要原因是 FARO 三维激光扫描仪能获取建筑外立面所有可见范围内的物体，且能保证精度和质量。本次外立面改造项目的要求比较严格，要求把建筑外立面的门窗、广告牌、空调、水管及建筑纹理都测量下来，这种高要求的标准用传统的测量方法肯定是行不通的，而三维激光扫描仪完全能够胜任这个项目。

由于改造的对象是主干道两侧的建筑外立面，规划无人机遥感影像获取的航线将沿道路 200m 范围作为航拍区域，如图 5-1 所示。表 5-1 为建筑外立面测量矩形范围。

第 5 章 外立面测量及监管 GIS 平台构建

图 5-1 航测区域范围

表 5-1 建筑外立面测量矩形范围

测段		范围坐标（4 个坐标点围成的区域）
同安区	同集路	24°37′07″N，118°06′47″EE—24°37′06″N，118°06′49″EE—24°39′22″N，118°07′59″E—24°39′23″N，118°08′03″E
	滨海西大道	26°38′35″N，118°08′54″E—24°38′34″N，118°08′55″E—24°38′44″N，118°09′09″E—24°38′43″N，118°09′10″E
	银湖中路	24°43′43″N，118°08′05″E—24°43′42″N，118°08′04″E—24°43′44″N，118°09′04″E—24°43′42″N，118°09′06″E
翔安区	新霞路	24°42′30″N，118°12′37″E—24°42′39″N，118°12′38″E—24°43′18″N，118°12′55″E—24°43′17″N，118°12′56″E
	山岬路	24°44′30″N，118°15′16″E—24°44′31″N，118°15′17″E—24°44′44″N，118°15′15″E—24°44′45″N，118°15′16″E
	龙新路	24°44′05″N，118°15′10″E—24°44′04″N，118°15′11″E—24°44′30″N，118°15′16″E—24°44′31″N，118°15′17″E
	大帽山路	24°44′31″N，118°15′17″E—24°44′30″N，118°15′18″E—24°44′47″N，118°15′40″E—24°44′46″N，118°15′41″E

采用厘米级空间分辨率正射影像既能完整展示需要外立面改造的建筑的分布及周边环境，同时能够清晰地再现每个外立面的位置，为外立面测量实施及成果集成提供定位信息基础。图 5-2 为同集路沿线航拍图，表 5-2 为各测段统计结果。

表 5-2 各测段统计

测区地点		测区长度/m	测区平面面积/m²	测区建筑物立面面积/m²
同安区	同集路	11135.21	1224873.1	192780
	滨海西大道	2593.55	285290.5	24860
	银湖中路	302.71	24135.24	7704

续表

测区地点		测区长度/m	测区平面面积/m²	测区建筑物立面面积/m²
翔安区	新霞路	1367.318	101856.1	31083
	山岬路	232.089	20134.86	6030
	龙新路	147.86	11471.48	2540
	大帽山路	175.44	14815.74	2936

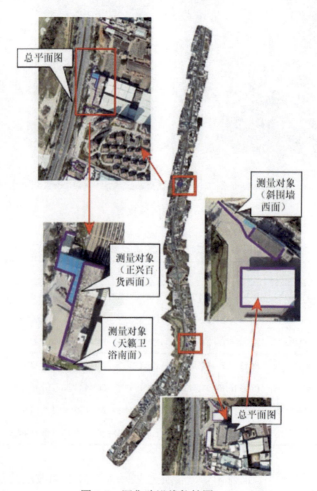

图 5-2 同集路沿线航拍图

以厦门市同安区的同集路、滨海西大道、银湖中路，以及翔安区的新霞路、龙新路、大帽山路、山岬路 30 余千米路段两侧的建筑外立面为工作对象。对厦门市同安区同集北路两侧建筑物房屋进行总平面图的测绘，测绘总平面图的目的是：一方面，用三维激光扫描技术获取的点云数据具有批量化、海量化特征，并且对于后期的立面二维线划图，其整体数据不宜管理，通过测量总平面图，每栋建筑对应的边可与立面二维图进行匹配；另一方面，通过道路建筑外立面图与道路建筑总平面图的一一对应，可以更加直观地了解道路整体的状况,以及为后期建筑外立面改造提供良好的整体性的数据源。

在同集北路总平面图的绘制过程中,采用传统的全站仪、RTK方法踩点费时费力、成果抽象、无完整的背景信息,而且效率低下。应用低空无人机遥感技术进行空间数据获取是继航天、航空遥感技术之后发展起来的一种新手段,可以实时传输影像、长时间飞行、探测高危险地区,可以快速地获取地面目标物体的高分辨率遥感影像图,同时,其成本低、机动性好,有力地弥补了卫星遥感与载人航空遥感的不足。因此,采用低空无人机遥感技术可快速、高效、大面积地获取道路遥感影像数据。在遥感影像图上进行后期的建筑总平面图的绘制,同时,部分被遮蔽物遮挡的建筑物体需要外业补测,以完成建筑总平面图的绘制。因此,低空无人机遥感技术在道路建筑物总平面图测绘方面具有优越性。

5.3 基于点云数据的立面成果编制

5.3.1 激光点云建筑外立面外业测量

对厦门市同安区同集中路和同集北路道路两侧的建筑外立面进行外立面改造。道路及街道作为城市的命脉,既承载着城市的繁华,又展示了时代的风采,道路及街道两旁的建筑立面作为构成城市空间的主要元素,其改造势在必行。假想从路上经过,能看到建筑物除了背面的3个面,被改造的面就是这3个面,如图5-3所示。

图 5-3 建筑外立面改造的面

然而,随着我国城市的快速发展、扩张,建筑外立面日新月异,新旧建筑对比也越来越明显,特别是临街的旧建筑外立面,存在着材料老化、色彩陈旧、立面混乱等一系列问题,极大地破坏了城市街道的整体形象。针对具体的每一个建筑外立面,每个面需要测量的对象又包括门窗、店招、广告牌、空调、水管、电力线等要素,如图5-4所示。在商业建筑比较多的地段上,普遍存在着广告牌和店招等杂乱无章摆放现象,普遍存在着面积过大、数量过多、安置方式不当的问题。

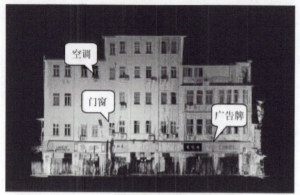

(a) 建筑物点云数据　　　　　　　　　(b) 建筑物实体照片

图 5-4　建筑外立面改造的对象

外立面工程要改造的对象是临街的建筑外立面,可以维护城市形象,此次项目周期短、量大、对象繁杂,设计、施工、验收、资金、项目监管等一系列步骤都需要外立面测量数据的支持。本项目利用 FARO Focus 3D 三维激光扫描仪测量建筑外立面的优势是能快速、全面、高质量、非接触式地对建筑外立面进行测量及数据获取,加之建筑外立面施工监管GIS 平台数据管理系统研发取得的进展,将所有的遥感影像数据、图形图像数据、激光点云数据等有效地管理起来,实现集成化管理环境。

5.3.2　激光点云建筑外立面外业补测

利用三维激光扫描仪进行道路建筑外立面的测量及数据获取能够快速、准确、完整地获取建筑外立面点云数据及实现目标对象点位的量测,无须与传统仪器一样进行瞄准,三维激光扫描技术可以对建筑表面进行全方位数据获取,摆脱传统测量仪器设定的瞄准器。一般在空旷的环境下,外业扫描只需要 8 分钟左右就能获取地面站 400m 范围的点云数据。不过,在实际测量现场,两栋建筑物之间的通道为狭窄巷立面,如图 5-5 所示,而三维激光扫

(a) 狭窄巷立面　　　　　　　　　(b) 房屋顶楼镂空立面

图 5-5　外业补测内容

描仪架站扫描需要 1m² 架站空间，因此，对于这种三维激光扫描仪无法架站的情况，只能采取手持激光测距仪的方法来进行建筑外立面局部区域的补测。

除了由于巷道太小无法利用三维激光扫描仪获取立面点云数据的情况以外，测量建筑顶层镂空的立面也是外业测量的一个难题。对于这种情况，也通过采取手持激光测距仪外加手机拍照的方法辅助补测建筑外立面数据，野外测量时将建筑外立面画个草图，标明建筑外立面中所有部件并标明尺寸，内业再利用 AutoCAD 绘制电子版草图，便于后续制作二维立面线划图，如图 5-6 所示。

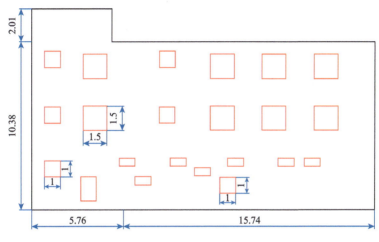

图 5-6　巷道立面补测草图

5.3.3　激光点云建筑外立面内业处理

1. 点云数据预处理

对三维激光扫描仪采集得到的激光点云数据的预处理主要采用 FARO SCENE 软件来完成。预处理流程主要包括原始激光点云数据导入、噪声剔除、配准拼接、滤波简化及原始立面点云数据的导出等，其目的是将不同扫描站点的点云数据精确匹配，统一到特定的坐标系，以便对研究对象进行各类信息提取、三维实体建模及定量化分析。

FARO Focus 3D 扫描仪对研究区域数据获取完成后，需进行点云数据的预处理，才能开展后期建筑物墙体立面各部分信息的提取研究。FARO Focus 3D 扫描仪采集的数据均是*.fls 格式的三维点数据信息，可用 FARO Focus 3D 扫描仪匹配的 FARO SCENE 软件对点云数据进行预处理，预处理流程如图 5-7 所示。

1）去噪简化

激光点云数据在获取过程中，容易受到空气中的水汽、烟雾，仪器扫描头旋转产生的抖动，以及移动物体干扰等周围环境与自身的影响，以至于产生空中悬浮的散乱点和目标物体附近孤立的点等点云噪点。本次数据采集处于台风过后的秋季，当地气候湿度较大，空气中的气溶胶较高，导致激光点云的反射率较低，成团聚集的点簇对信息提取及模型构建影响较大。噪声点剔除的主要流程是，将点云数据投影到正交平面上，基于各

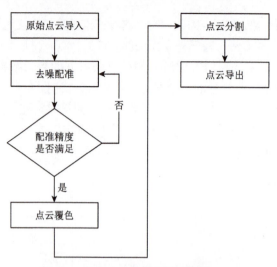

图 5-7　内业点云数据预处理流程

点云的高程信息，采用人工交互的方式剔除悬浮在建筑物周围及空中的散乱点，本步骤采用同集北路个别案例建筑物的去噪简化，该建筑外立面点云数据的去噪简化前后情况对比如图 5-8 所示。

(a) 原始点云数据　　　　　　　　　　(b) 剔除噪声点后的点云数据

图 5-8　激光点云噪声点剔除

2）配准拼接

在同集北路建筑外立面现场信息采集过程中，扫描视角和扫描物体的复杂性使部分建筑物目标对象大，单独一站的扫描工作无法完成整个场景的数据采集，三维激光扫描仪需从不同位置、不同视角对研究目标进行多站、多角度的扫描。不同的扫描站的点云数据均以各自的扫描仪为原点建立局部坐标系，需对点云数据进行配准拼接，统一到相同的坐标系中，进而得到被测建筑物完整的立面结构。配准拼接的方法有基于靶球的拼接法和手工提取特征点法。本书也对这两种方法进行验证和对比，最终得出基于靶球的拼接法具有更好的效益。部分建筑房屋的激光点云数据量大，为了降低匹配的复杂度和误差，提高配准的精度和效率，不使用自动拼接的方式，本书采用有标靶的人工配准拼接方式，该配准方式速度快、精度高。然后，在保证点云精度的前提下，对点云数据进行去噪简化处理，剔除冗余数据来降低原始点云数据的密度,以节省后续点云数据的信息提取及处理的效率。

a）基于靶球的拼接法

在同集北路道路两侧建筑外立面进行数据采集,在个别案例的配准拼接过程中,将配准平均误差小于 0.005mm 的点视为完全匹配。通过对工程项目的个别案例进行分析,发现最大的点云数据配准误差为 0.0048mm,最小的配准误差为 0,平均配准误差为 0.0026mm,满足了完全配准误差小于 0.005mm 的要求。可得该目标对象损毁房屋的场景扫描及配准的精度较高,经过地理空间纠正后的扫描仪获取的实景照片与激光点云精确配准。从图 5-9 中可以看出,很多建筑物的点云数据都是不完整的,点云数据配准后,建筑物各个视角的点云数据更加完整,如图 5-10 所示。同时,建筑物各立面点云数据均是带有空间点位的三维可量测的坐标信息,可以更精确、更直观地获取建筑物立面门窗、广告牌及空调位置等空间坐标信息。

(a) 左部分较完整的单站点云数据

(b) 右部分较完整的单站点云数据

图 5-9 配准前的建筑物部分完整的点云数据

图 5-10 点云数据配准拼接后的建筑物完整数据

b）手工提取特征点法

在建筑外立面数据获取过程中,无靶球信息时,可利用手工提取特征点法进行不同站点间点云数据的配准拼接,其中两站点中的一对特征点的提取过程如图 5-11 所示。

在扫描站点 1（Scan 001）和扫描站点 2（Scan 002）的配准拼接中手工选取 6 个同名特征点对,根据这些同名点对,利用基于靶球的拼接法,对旋转矩阵 R 和平移矩阵 T 求解,如下：

(a) 站点1选取的同名特征点　　　　(b) 站点2选取的同名特征点

图 5-11　在两站点云数据中选取同名特征点

$$R = \begin{bmatrix} 0.670 & 0.742 & 0.003 \\ -0.742 & 0.669 & 0.014 \\ 0.008 & -0.011 & 0.999 \end{bmatrix} \quad T = \begin{bmatrix} 7.202 \\ 8.752 \\ -1.265 \end{bmatrix}$$

通过这 6 个同名特征点，可求得这两站点的配准拼接的中误差为 $d = 0.042$，站点 1 和站点 2 的配准过程界面如图 5-12（a）所示，最终两站点的配准拼接效果如图 5-12（b）所示，可得较好的拼接效果。

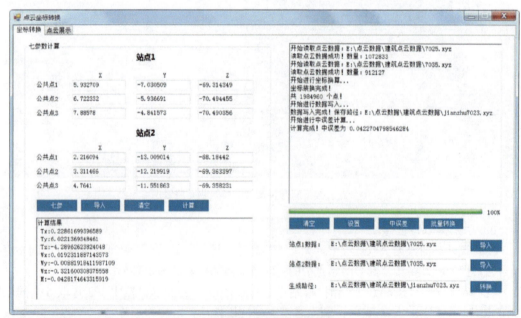

(a) 站点1和站点2的配准过程界面

第 5 章 外立面测量及监管 GIS 平台构建

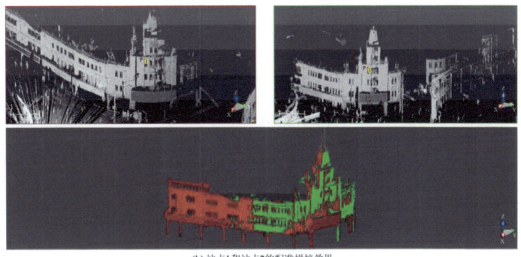

(b) 站点1和站点2的配准拼接效果

图 5-12 站点间数据配准后的完整点云

3）点云导出

同集北路建筑物点云数据在经过点云数据去噪简化、拼接配准预处理后，可导出*.xyz 格式的点云数据成果。在点云数据预处理后，可根据建筑物的类型与实际需求切割提取道路建筑外立面点云信息数据，并导出*.xyz 格式文件。图 5-13（a）为建筑外立面的实景照片，可根据需求选中配准后的点云数据，并导出建筑外立面完整的点云数据，如图 5-13（b）所示。

(a) 外立面实景照片　　　　　　　　(b) 外立面点云数据

图 5-13 建筑外立面的各类数据

2. 建筑外立面二维线划图绘制

建筑外立面的激光点云数据是外立面改造重要的数据来源。在 FARO SCENE 中加载出建筑物点云数据，在点云数据中，可以直观地观察到建筑物的门、窗户、水管、空调、圆柱、圆锥、多边形及花纹等。在建筑外立面成果图绘制过程中，需要将重新定义坐标后的点云数据分别投影到二维平面中，使得点云立面图为正射投影图，再进行二维信息提取，以保证建筑结构线的平面完整性与精度。

激光点云数据的坐标系定义是在 HD Modeling for AutoCAD 软件中完成的。首先选择合适视窗为基础平面，目的是在让点云数据锁定一个平面的情况下进行建筑物轮廓绘制，进而保证目标面上的点云数据不受其他点云的干扰。定义新的坐标系后，使得目标立面为正射投影图，该过程均在 HD Modeling for AutoCAD 软件中操作，导出 dwg 格式文件，将点云数据以图层的方式保存，为后续在 AutoCAD 等软件中可以图层的形式直接打开该立面的点云数据，以及为立面二维线划图的绘制和后期设计改造等提供原始的、正视投影的点云数据支撑。该建筑物经过定义坐标系后的点云数据如图 5-14 所示，该视图即建筑外立面点云数据的正视投影。

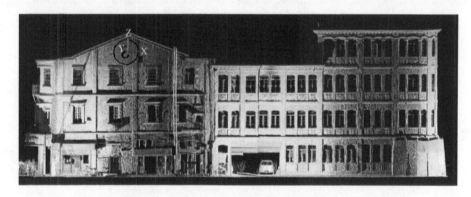

图 5-14 建筑外立面正视投影的点云数据

在建筑外立面二维线划图信息获取过程中可反复变换视角来观测点云数据，从而提高二维线划图的制作效率。该技术方法不仅能提高工作效率，还能获得高精度的成果。同时，在点云数据支撑的基础上，参照建筑外立面的实景照片数据，在天正建筑软件中快速制作建筑物各个面的二维线划图，如图 5-15 所示。

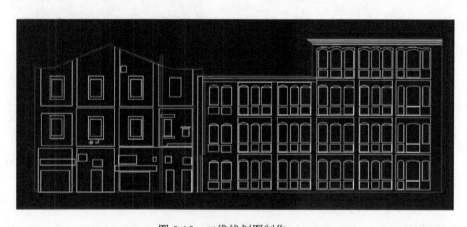

图 5-15 二维线划图制作

在同集北路两侧建筑物点云数据信息预处理过程中,三维激光扫描仪还可采集目标物体的 360°的实景数据。将经过地理空间纠正后的扫描仪获取的实景照片与激光点云数据精确配准,将实景照片各像素点的 RGB 的彩色信息与激光点云数据融合,实现目标对象点云数据的真彩色显示。点云数据均带有空间点位的三维可量测的坐标信息,可以更精确、更直观地获取建筑外立面的各类信息。同集北路某商业区域的建筑外立面真彩色正射点云图如图 5-16 所示,在该真彩色点云图上,可更加清晰地识别建筑外立面的各个构件。在点云数据模型中可得出三维激光扫描技术在实景重现中具有很强的真实性。

图 5-16 建筑物真彩色正射点云图

在各个建筑立面点云数据的基础上,进行建筑外立面二维线划图的绘制,该方法不仅精度高且效率高,同时,建筑物现场的实景照片使二维线划图的绘制更加直观和简洁。通过三维激光扫描技术快速、非接触式、全方位、高效率的数据采集,为建筑外立面的改造施工阶段的成本预算与规划提供精确数据,在一定程度上优于传统测绘仪器所采集的数据,且更具有可靠性。基于激光点云数据测制的某幢 1∶100 完整的建筑物原立面图如图 5-17 所示。

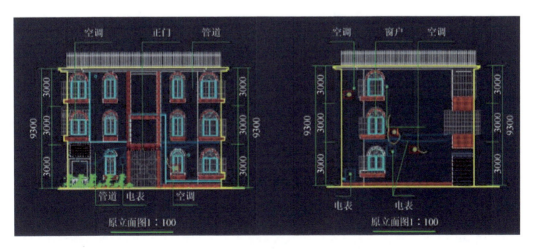

图 5-17 建筑物原立面图

3. 建筑外立面外观效果设计

基于二维线划图的三维建模的主要思想是，利用结构线生成平面，建筑结构线之外的冗余线段去掉后，将二维线划图的 CAD 文件导入 3DMax 软件中来完整建筑物的真三维建模。由点云数据可知建筑物构件的二维线划图间均有相关联的位置关系，将近街道的各个立面图一同导入后，通过旋转捕捉重合特征点可得到完整的建筑结构图，将建筑结构线冻结，再开启冻结捕捉，根据建筑的结构，逐一创建建筑物三维立体模型。根据研究项目的规划要求，用 photoshop 处理外业拍摄的建筑外立面照片，让建筑外立面照片更加清晰美观，再利用处理好的照片对三维立体模型进行贴图，最终完成建筑物真三维模型的设计构建。

在 3DMax 软件里将模型贴图整理完成，检查无误后，将整个场景导入三维虚拟平台上，进行整体调整。在三维虚拟平台上制作场景效果，对个别建筑元素进行优化处理，让整个场景更有真实感。逐步细化模型，直至整体建筑模型形态基本成型。在建筑外立面外观设计中，需要通过建筑设计、规划设计来控制和引导具体的街道建筑外立面改造，在此设计原则内，厦门市同安区同集北路建筑外立面改造的风格和布局需与周围的环境和谐，在体现整体风格时也要兼顾个性化，恰到好处地注入人文元素，而不失去同安区原有的历史风情建筑风格。图 5-18 为保留历史风貌的道路建筑外立面处理设计效果图。

(a) 历史建筑外立面改造效果

(b) 商业建筑外立面改造效果

图 5-18 道路建筑外立面改造效果图

4. 建筑外立面成果数据管理

1) 建筑外立面注记

在获取完同集北路道路建筑物各个外立面及道路总平面图后，进行道路建筑总平面图与建筑立面图的对应管理，道路东侧的建筑立面图按照从南向北激光点云数据采集的方向，按顺序标号；同样，道路西侧按照由北向南仪器扫描的方向，按顺序标号。同时按照标段分好，这样每栋建筑物都有一个序号，如图5-19所示，"同集北路36号"表示在同集北路36号的建筑物户主，然后就在该建筑物的北面墙上标注"同集北路36号北视"，在该建筑物的西面墙上标注"同集北路36号西视"，在该建筑物的南面墙上标注"同集北路36号南视"；同时在该建筑物的影像平面图的相应墙线的位置也按照上述标出。

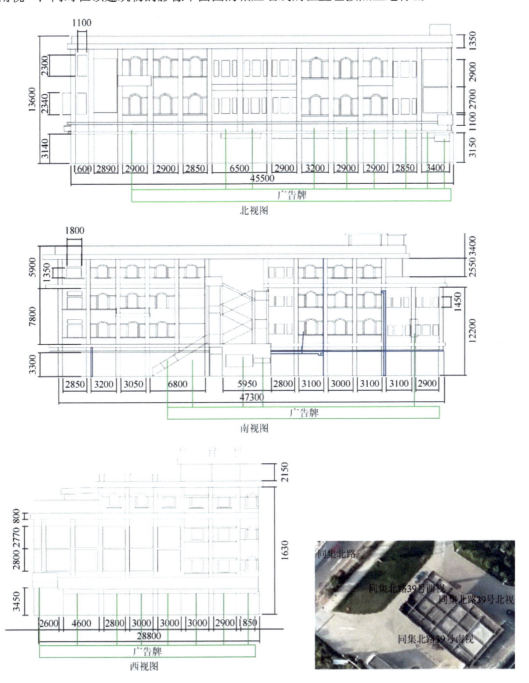

图 5-19　建筑物注记

按照上述方法将同集北路道路建筑物的各个立面图与道路建筑物总平面图一一对应起来，从而把整条道路建筑物的立面与平面信息完整地统一起来，为后期道路建筑的外立面改造设计及施工提供完整的数据来源。从道路两侧建筑的总平面图中可以看出道路两侧建筑的整体分布，通过查看某栋房屋的平面图就可以看到该建筑物的各个立面图的编号，然后在对应的建筑外立面成果图中可以快速、准确地找到该建筑物的各个立面图。通过"整体—局部"的"整体总平面—局部各立面"方式，来完整、精准地完成道路建筑外立面改造测量的成果归档。总之，建筑物各立面图与道路建筑总平面图的对应归档，可以使测量成果更加完整、直观、形象，同时也为后续建筑外立面改造提供准确的数据源与重要的技术支撑。

2）数据文件夹管理

外业采集的数据种类比较多（FARO Focus 3D 点云数据、手机端拍摄的照片、外业记录的册子等），而且一天采集到的数据数量也比较多，因此，需要对外业采集的数据进行分类和命名。采集点云数据时，利用靶球把相邻若干个站点的点云拼接起来，这样内业处理的时候更能反映建筑物的整体性。因此，将拼接起来的所有建筑物命名为成果的一级文件夹，如图 5-20 所示。

📁 10同集北路东侧同集北路39号北面西面南面和三川汽车服务有限公司五层民房北面南面西面

图 5-20　成果的一级文件夹的命名

在大文件夹里面分别对每一栋建筑物的三面朝向文件夹和原始立面二维线划图（带面积统计）进行分类，如图 5-21 所示。每一栋建筑物一个朝向的文件夹里面又包含对应建筑物朝向的图片，格式为*.jpg，以及对应朝向的立面二维线划图。

📁 01同集北路39号北面
📁 01同集北路39号南面
📁 01同集北路39号西面
📄 17-10-01同集北路39号-原始立面成果图（带面积统计）2017.dwg

(a) 成果的二级文件夹的命名

同集北路39号西面

第 5 章 外立面测量及监管 GIS 平台构建

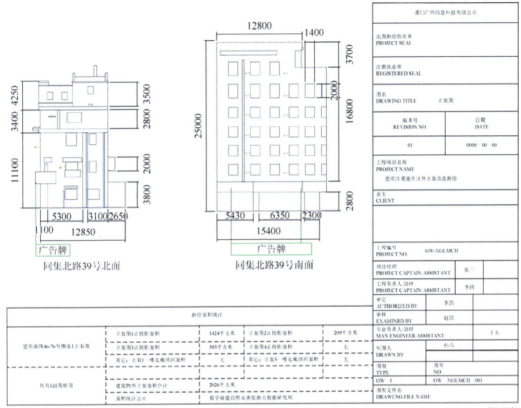

图 5-21 建筑物的成果数据管理

用以上文件夹分类方式把建筑外立面全部成果数据管理起来,实现建筑物各个外立面的对象化管理,方便以后对数据的查漏补缺,能够快速定位某一个文件夹里的数据,查找原因并解决问题。不过,只用人工方式进行文件夹的分类,把数据按扫描日期、建筑物的朝向等要素区分的话,还存在一个数据量大的问题。因此,设计开发了外立面施工监管 GIS 平台,将所测数据全部上传到 GIS 平台的后台,实现外立面工程数据集成化管理。

5.4 外立面施工监管 GIS 平台设计与构建

近年来,城市发展模式逐步从横向扩展到寻求更多的竖向空间,从新建城市到建设新城与旧城改造相结合转变。旧城改造正逐步扮演着越来越重要的角色,城市外立面改造能在短期内改变城市的整体面貌,改善人民的居住环境。通过城市外立面的设计改造可以提高建筑物的防寒保暖特性,提高城市整体容貌,在创建和谐宜居的城市方面有重要的作用。

随着城市外立面设计内容的不断扩展,城市外立面地物采集的内容不断增加,从建筑物的基本几何数据,具体到建筑物细节的精确尺寸。传统的人工卷尺测量方法难以满足城市建筑外立面改造数据获取的精度要求和质量要求,如何改进建筑外立面改造及监督建筑外立面施工的效果均是建筑外立面改造的难题。

本书应用的三维激光扫描技术可快速、精确地进行城市外立面采集测量,这种采集方法获取的数据效率高,极少受天气与光线条件的影响,并能得到被测物体包括空间坐标与色值在内的完整信息,利用无人机遥感技术不仅可快速、大面积地获取建筑物的总平面图,还能设计建筑外立面改造施工监管 GIS 平台,可对城市建筑外立面改造及监管提供多源异构的数据管理的技术支撑。

激光点云数据是建筑外立面改造珍贵的数据,可为建筑外立面改造提供原始的数据档案来源,可用于历史数据的存档检核。完整的城市建筑物的激光点云数据也是数字城市创建、城市应急管理及应急漏洞数据的精确的数据来源。因此,激光点云数据是宝贵的,需对其进行管理。图像影像数据可完整地展示城市建筑的改造过程及效果,在城市建筑外立面改造中具有监管的作用。因此,本书的建筑外立面施工监管 GIS 平台包括图形影像数据管理系统和激光点云数据管理系统两大模块,以对城市外立面改造进行管理。

5.4.1 外立面施工监管 GIS 平台设计

1. 系统功能设计

建筑外立面施工监管数据库系统研发的主要目的在于快速、准确地管理海量的外立面成果数据,将每一栋建筑物的名称、点云数据、CAD 平面图、CAD 二维立面线划图一一对应起来,以及对大规模激光点云数据进行归档管理,构成完备的多样化数据管理模式,便于管理和整理归档,为后续工作提供数据准备。在得到测区的全部外立面数据之后,首先,依据外立面改造工程信息管理系统将建筑物改造前的图片、规划方案图片和上传改造后的图片呈现在该系统上,由审核人员对其进行审核,通过审核对比影像改造前与改造后的差距,并与规划方案进行校验,判断外立面改造是否达成设计目标,施工量计算是否准确,如果达成目标就单击"是",对未达成目标的建筑进行标记并注明原因,便于对达成目标的建筑与没达成目标的建筑进行区分。然后,对改造后的建筑外立面进行拍摄,并将图片上传到外立面工程信息管理系统内,达到同步推进式监督管理的目的。

同时,在大批量获取测区建筑物点云数据时,可对建筑物点云数据进行站点管理及行政区域数据管理,便于对每个区域的数据进行管理、查询、更新;可在数据库系统中进行点云在线配准,实现点云数据坐标系向国家大地坐标系的实时转换,便于归档管理;还可对点云数据进行在线展示及量测,来对任意空间对象进行精确的定量数据量测等,为系统增值开发做准备。总之,在激光点云数据管理系统模块中可在线进行点云处理,支持对超大规模的点云数据管理,不再局限于传统计算机的计算能力,可实现跨平台多人协作三维激光点云数据云计算服务平台,集成点云数据管理、配准、可视化、量测等一体化系统。

在系统实现目标的初期阶段,建筑外立面施工监管的数据库系统主要由图像影像数据管理系统和点云数据管理系统两大模块组成。系统主要定位在浏览查询、数据在线更新及数据管理归档功能上,主要功能可以划分为六大类型,包括遥感图像浏览、数据查询检索、图形图像库管理、点云数据管理、点云配准管理及点云展示量测功能。

1）遥感图像浏览

加载需要改造外立面的建筑群的遥感影像图；对选定的地图进行浏览、放大、缩小、漫游、底图替换、图层选择等操作。

2）数据查询检索

通过点击需要改造外立面的建筑群的点坐标，系统调取相关点的图层元素进行相关对象数据查询，并配合使用相关字段进行关联查询。

3）图形图像库管理

图形图像库管理主要是将图像数据存储到数据库中，通过系统操作将外部图形图像加入其中，对图像进行删除、替换操作，并由此对项目进展进行审核。

4）点云数据管理

点云数据管理主要是将点云数据存储到数据库中，通过系统操作实现点云数据管理，包括对站点数据、坐标系统、区域的管理及坐标系统转换。

5）点云配准管理

在数据库系统中对点云数据进行在线配准，包括各站点数据的添加、站点间公共点数据的添加、在线配准及点云数据的导出。

6）点云展示量测

在数据库系统中对点云数据进行在线展示与在线量测。可对点云数据配准的效果进行全局展示，以及对建筑物的空间点云数据进行在线量测。

根据系统功能需求，设计建筑外立面数据施工监管数据库系统，对需要进行外立面改造的建筑物的点云数据、CAD 平面图、CAD 二维立面线划图、影像数据进行整合，以及对大批量激光点云数据进行归档管理，可用于历史数据的存档检核。将多种数据类型相结合，使数据库系统具有完整性和多样性，使审核人员能够以多种审核的形式来验证外立面改造工作的完成情况。

2. 系统结构设计

平台选择：为达到项目需求，系统设计将 Windows 操作系统、计算机设备、ArcGIS Engine Runtime 作为当前的计算机硬件及软件运行的操作平台；系统开发还使用跨平台开发语言 Java，以及目前流行的多种 Web 技术，包括 Spring MVC4.0+、MyBatis、Apache Shiro、Ehcache、jQuery、Bootstrap、WebSocket、Three.js、WebUploader 和百度地图 API 等，支持多种数据库 MySQL、Oracle、SQL Server 等。

应用环境选择：系统设计将 Microsoft Access 数据库作为系统的数据管理中心，以及将 ArcGIS 二次开发工具与 Access 数据库关联使用，以达到系统功能的设计需求。系统设计还将 MySQL 数据库作为系统的数据管理中心，以及将 Three.js 3D 渲染引擎与 MySQL 数据库关联使用，以达到系统功能的设计需求。

应用模块设计：系统设计底图浏览模块、数据查询模块、图形图像库模块、点云数据管理模块、点云数据配准模块、点云展示量测模块。通过对功能需求进行合理化分配，达到系统功能模块化的目的。

图形界面设计：前端 UI 采用 INSPINA 实现，在此方面按照简洁直观且功能完善的操作界面原则进行系统设计,在工作人员完成基本操作的同时,以简洁明了的方式来减少工作人员的工作量。

通过多方面分析考虑后,系统结构设计选择 Microsoft Access 数据库、ArcGIS Engine 二次开发工具、Visual Studio 平台、ArcGIS 10.2,同时选择 MySQL 数据库、Three.js 3D 渲染引擎、Windows Server 2012 平台、Java SE Development Kit 8、Apache Tomcat 8 运行环境来满足系统结构设计需求。图 5-22 为建筑外立面施工监管 GIS 系统功能结构。

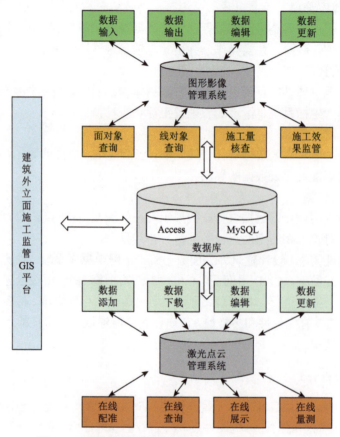

图 5-22 建筑外立面施工监管 GIS 系统功能结构

5.4.2 建筑外立面施工监管 GIS 平台构建

建筑外立面施工监管 GIS 系统主要使用 Geodatabase 模型,图形中的 Map 对象使用 Imap、IGraphicsContainer 等主要接口进行设计。系统对与建筑外立面改造工作相关的信息数据进行整理,合理地将不同类型的数据划分于不同的数据库进行管理,以满足系统在数据管理方面的需求,为后续工作的合理进行提供数据支持。系统数据库设计将主要数据库分为基础数据库、空间数据库、资源数据库、规划数据库等。

1. 系统数据库设计

本系统数据库主要使用 Geodatabase 模型,图形中的 Map 对象使用 IMAP、IGraphicsContainer

等主要接口进行设计。系统对与建筑外立面改造工作相关的信息数据进行整理，合理地将不同类型的数据划分于不同的数据库进行管理，以满足系统在数据管理方面的需求，为后续工作的合理进行提供数据支持。系统数据库设计将主要数据库分为基础数据库、空间数据库、资源数据库、规划数据库等。

1）基础数据库

基本数据包括矢量数据、栅格数据及点云数据，其中矢量数据的专题类型分为建筑分布、道路交通、建筑外立面二维线划图等，其所对应的专题要素有城镇、乡村、道路，还可具体到建筑物的门、窗、水管等；栅格数据的专题类型包括数字遥感影像图、建筑外立面图像资料，其所对应的专题要素有沿线航拍影像、照片等；点云数据包括建筑类型和建筑物各外立面墙体点云，建筑类型有混凝土建筑和钢结构建筑等，建筑物各外立面墙体点云包括门、窗、水管、广告牌等。具体数据目录见表5-3。

表 5-3 基础数据内容

数据类型	专题类型	专题要素
矢量数据	建筑分布	城镇、乡村等
	道路交通	同集北路
	建筑外立面二维线划图	门、窗、空调、墙体等
	建筑类型	棚房、建设中的建筑、破房等
栅格数据	数字遥感影像图	沿线航拍影像
	建筑外立面图像资料	照片等
点云数据	建筑类型	混凝土建筑、钢结构建筑等
	建筑物各立面墙体点云	门、窗、水管、广告牌等

2）空间数据库

空间数据库包括房屋建筑的无人机正射影像、裁剪过后的专题图、平面设计图、建筑物点云数据、建筑物各立面完整的墙体点云数据，以及建筑外立面二维线划图和建筑三维模型等，通过对空间数据库的构建为系统提供空间数据基础，并与系统的功能开发方面相关联，一切功能实现都以此为基准。

3）资源数据库

资源数据库主要通过对建筑信息（建筑名称、地理位置、门牌号等）、面信息（CAD立面数据、建筑外立面改造审核线划图等数据）、体信息（激光点云数据、建筑三维模型数据）进行管理存储，实现对改造建筑的外立面信息的直观表述。并将该部分信息在系统的数据界面功能模块进行展示。

4）规划数据库

规划数据库对城市建筑外立面改造前的数据、规划图片、改造后的图片等进行管理存储，以实现系统对城市建筑外立面改造的审核工作，将该部分信息在系统立面项目查询功能模块进行展示操作。

2. 系统功能实现

根据系统功能设计的要求,该系统主要分为6个部分:影像界面模块、数据管理模块、数据查询模块、点云数据管理模块、点云配准模块和点云展示量测模块。

1) 影像界面模块

系统主界面显示改造外立面的建筑物的遥感影像图,用户可对选定的地图进行浏览、放大、缩小、漫游、底图替换、图层选择等操作。系统加载影像代码如下所示:

```
private void LoadMapDocument()
{
string MapPath=Environment.CurrentDirectory+"\\裁剪影像\\cjyx.mxd";
axMapControl1.LoadMxFile(MapPath,0,Type.Missing);
axMapControl1.Extent=axMapControl1.FullExtent;
}
```

在系统的影像界面模块,用户可以选择查看需要改造外立面的建筑物,点击相关建筑物的位置,系统将建筑物的坐标范围数据与建筑物的空间数据库信息、资源数据库信息、规划数据库信息相关联。图5-23为系统影像界面模块操作图。

图5-23 系统影像界面模块操作图

在影像界面操作时,点击建筑物,系统在影像的相关位置生成圆形标记,检索所选取的建筑物的数据库信息,并跳转至GIS数据库。选点检索建筑物代码如下所示:

```
private void axMapControl1_OnMouseDown(object sender,
ESRI.ArcGIS.Controls.IMapControlEvents2_OnMouseDownEvent e)
{
```

```
    IGeometry g=null;
    IEnvelope pEnv;
    IActiveView pActiveView=axMapControl1.ActiveView;
IMap pMap=axMapControl1.Map;
    pEnv=axMapControl1.TrackRectangle();
    if(pEnv.IsEmpty==true)
    {
        ESRI.ArcGIS.esriSystem.tagRECT r;
        r.bottom=e.y+5;
        r.top=e.y-5;
        r.left=e.x-5;
        r.right=e.x+5;
pActiveView.ScreenDisplay.DisplayTransformation.TransformRect(pEnv, ref r,4);
        pEnv.SpatialReference=pActiveView.FocusMap.SpatialReference;
    }
    g=pEnv as IGeometry;
    axMapControl1.Map.SelectByShape(g,null,false);
    axMapControl1.Refresh(esriViewDrawPhase.esriViewGeoSelection, null,null);
    picture_check pc=new picture_check();
    pc.Show();
    }
```

在 GIS 数据库模块中显示改造建筑物高亮显示的墙面,在界面中点击墙面编辑图层要素,加载 ArcGIS 函数,实现弹出相应墙面信息窗口实景图的展示功能,在系统的数据界面左侧框内输入想要查询的建筑名称和此建筑名称的墙面朝向,即可弹出查询对象改造前后的外立面。右侧为数据格网,将所有测量的建筑外立面进行系统化集成,以便于二次调档。图 5-24 为点击线要素弹出实景事件图。

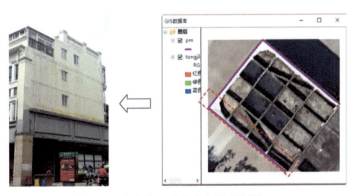

图 5-24　点击线要素弹出实景事件图

2）数据管理模块

该模块主要负责数据界面模块中的数据及图片的编辑录入与导出。为保障外立面改造工作的正常开展，在明确需要进行外立面改造工作的建筑物后，对其基本信息进行采集，并将信息录入数据库中，当添加新的数据时，数据界面模块就会同步更新表格信息。用户可以根据自身需求选择是否导出相关数据。

在信息录入过程中，用户需填写归属建筑、朝向信息，加载建筑物改造前、规划中、改造后的图片，三类图片导入完成后，系统提示完成信息。点击上传按钮将数据信息导入数据库中。该功能操作如图 5-25 所示。

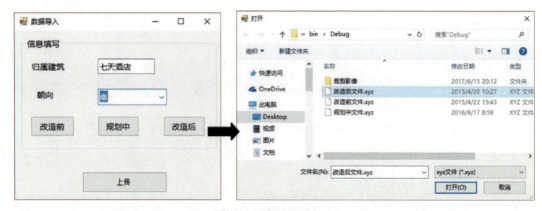

图 5-25　录入界面

3）数据查询模块

该模块主要展示遥感图像中需要进行外立面改造的建筑物信息，信息内容主要包括归属建筑名称、建筑朝向、建筑立面改造前的图片、规划图片、改造后的图片及建筑的改造状态。用户根据建筑物名称及建筑物的墙面朝向对改造建筑物的相关信息进行筛选，设置完参数，点击查询系统，跳转至立面项目查询功能窗口。图 5-26 为数据查询。

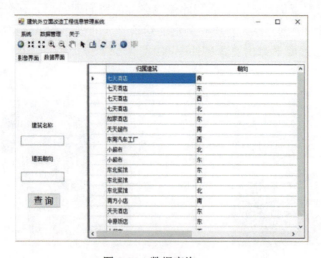

图 5-26　数据查询

立面项目查询功能主要用于展示系统中在数据界面中选择的建筑物改造前、规划中和改造后的外立面影像。该功能还为系统提供建筑外立面的点云数据、CAD 立面数据的备查数据，审核人员对外立面的改造工作的审核也在这部分完成。图 5-27 为数据审核。

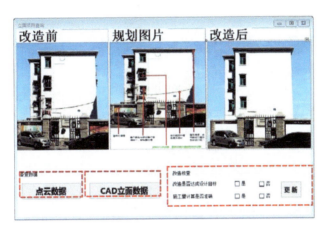

图 5-27　数据审核

图 5-27 中的点云数据与 CAD 立面数据还提供下载服务，可以分别对应下载所需数据。该系统还提供建筑外立面改造核查，一方面核查改造是否符合设计标准，另一方面核查施工量计算是否准确。每对一个建筑外立面进行操作后，点击更新，就能保存数据结果。能够对 3 个外立面实现对象化管理是该系统的特点。立项模块中的图像读取代码如下所示：

```
Byte[]t=(byte[])dt.Rows[i][2];
System.IO.MemoryStream ms=new System.IO.MemoryStream(t);
System.Drawing.Image img=System.Drawing.Image.FromStream(ms);
System.Drawing.Image _thumbImg=img.GetThumbnailImage(Convert.ToInt32(img.Width*0.3),Convert.ToInt32(img.Height*0.3),null,IntPtr.Zero);//缩小图片
MemoryStream mstream=new MemoryStream();
_thumbImg.Save(mstream,System.Drawing.Imaging.ImageFormat.Bmp);
byte[]byData=new Byte[mstream.Length];
mstream.Position=0;
mstream.Read(byData,0,byData.Length);
mstream.Close();
dt.Rows[i][2]=byData;
```

4）点云数据管理模块

该模块主要有站点数据管理、区域数据管理和坐标系统管理。在站点数据管理中可对站点数据及此站点下多个子站点的数据进行管理，包括站点信息管理、站点点云数据管理等，可完整地对站点的点云数据档案进行管理查询。区域数据管理主要是对获取的同一区域的激光点云数据进行归类归档管理，便于对不同区域的数据进行管理。坐标系统管理可

实现点云数据坐标系向国家大地坐标系的实时转换,主要是将不同区域的数据转换成标准的国家大地坐标系,进行数据的归档管理工作。

a)站点数据管理

在该模块中可进行建筑外立面墙体点云数据的添加、下载、更新及管理工作。将该系统左边栏目的"数据管理"展开,选择"站点数据",可以创建和添加站点数据并对其进行管理。在同集路测区获取的大批量建筑外立面点云数据中,首先对点云数据进行管理,可根据道路类型创建同集北路、同集中路和同集南路等一级父站点;其次在一级父站点的下面创建二级子站点,如"建筑001""建筑002"等站点,包括三维激光扫描仪获取的每站点的点云数据;最后可在子站点内对激光点云数据进行具体的添加、查看、下载、删除及各类管理工作。图5-28为在同集路测区获取的大批量不同站点的点云数据,对各级站点进行管理,整个管理界面非常清晰、直观。

图 5-28　站点数据管理

在站点数据管理界面中,可将在测区获取的所有站点的点云数据上传添加到本数据库系统中,进行一体化的存储管理,使激光点云数据的管理存档更加完整与规范。本数据库系统的站点添加的代码如下:

```
public String addpoint(Station station, Model model){
    if(station.getParent()!=null && StringUtils.isNotBlank(station.getParent().getId())){
        station.setParent(stationService.get(station.getParent().getId()))
        if(StringUtils.isBlank(station.getId())){
            Station stationChild=new Station();
            stationChild.setParent(new  Station(station.getParent().getId()));
```

```
    List<Station>list=stationService.findList(station);
    if(list.size()>0){
      station.setSort(list.get(list.size()-1).getSort());
      if(station.getSort()!=null){
        station.setSort(station.getSort()+30);
      }
    }
  }
}
if(station.getSort()==null){
  station.setSort(30);
}
model.addAttribute("station",station);
return"modules/station/stationPoint";
}
```

在站点管理区域可根据站点名、归属用户和所属行政区域进行信息快速添加输入及点云数据的上传工作。首先，在添加点云数据对话框页面，可完成站点名称及信息的填写；其次，选择对话框，将各站点的点云数据上传，即可进行点云数据的添加。将同集路测区的"建筑001"站点的点云数据上传到数据库系统的界面，如图5-29所示。

图 5-29　添加点云数据

在该模块中，可在数据库系统中在线进行点云数据的添加和上传，便于数据的管理。添加的点云数据的关键代码如下：

```
public Map<String,String>todb(String id,String md5){
Map<String,String>map=new HashMap<String,String>();
Station station=stationService.get(id);
String fname=SaveFileUtil.SAVE_PATH+md5+SaveFileUtil.SAVE_EXT;
```

```
if(new File(fname).exists()){
   Station s=stationService.get(id);
      s.setDatapath(fname);
   stationService.save(s);//保存
   map.put("Result","true");
}else{
   map.put("Result","false");
}
return map;
}
```

在站点数据管理中，可对站点的名称及属性信息进行修改，如对站点名、归属用户、所属区域、中心纬度、中心经度及备注信息等进行信息修改或添加，如图 5-30 所示。在站点数据管理中，还可根据"站点名""归属用户""所属区域"进行各站点的各类信息查询，可快速获取所需的点云数据，同时，在本数据库系统中，可将系统内的点云数据完整地下载至本地存储设备中，还可编辑站点的所有信息及点云数据，点云数据管理的功能较完整，数据更新迅速。

图 5-30 编辑站点信息

b）坐标系统管理

本模块主要是对激光点云数据进行坐标转换及坐标系统的管理。坐标转换是空间实体的位置描述，是从一种坐标系统变换到另一种坐标系统的过程。由于三维激光扫描仪获取的点云数据的空间坐标值是以扫描仪自身为中心建立的局部坐标系，而在建筑外立面改造等工程项目中使用的数据值一般均为国家规定的标准坐标系的数据。因此，本系统模块的设计可将建筑外立面的激光点云数据的坐标系统转换成任意坐标系统。

在本系统界面的"数据管理"栏目中的坐标转换参数中可进行不同站点激光点云数据与任意坐标系的转换。在系统中可对不同站点点云数据信息进行添加、查看和修改操作，以及两类坐标系统的公共点数据参数的录入操作，并在线进行各类坐标系统的转换。例如，获取的测区建筑物的点云数据的坐标值可转换到"WGS-84 坐标系""西安 80 坐标系"，以及地方坐标系"92 厦门坐标系"等坐标系统中，具体如图 5-31 所示。

图 5-31　坐标转换参数

在坐标数据管理中，只要获取激光点云数据中特征点的坐标值与该点在任意坐标系下的坐标值，根据坐标转换的原理，可求取两者坐标系的转换矩阵，根据获取的转换矩阵的值即可进行站点全部的点云数据向该坐标系统的转换。在坐标系统管理中，首先要根据目标坐标系、源坐标系对站点数据进行快速选择添加查询，坐标转换参数的选择源站点的关键代码如下所示：

```
public  List<Map<String,Object>>treeData(@RequestParam(required=
false)String extId,HttpServletResponse response){
    List<Map<String,Object>>mapList=Lists.newArrayList();
    List<Station>list=stationService.findList(new Station());
    for(int i=0;i<list.size();i++){
        Station e=list.get(i);
        if (StringUtils.isBlank(extId)||(extId!=null && !extId.equals
(e.getId())&& e.getParentIds().indexOf(","+extId+ ",")==-1)){
            Map<String,Object>map=Maps.newHashMap();
            map.put("id",e.getId());
            map.put("pId",e.getParentId());
            map.put("name",e.getName());
            mapList.add(map);
        }
    }
    return mapList;
}
```

在坐标系统管理中,可将站点的点云数据配准到任意坐标系统中。由于工程项目的需要,一般是将点云数据转换到国家或地方的标准大地坐标系统中,如"西安 80 坐标系"和"92 厦门坐标系"。在本系统栏目中单击"添加"按钮,根据提示可进行目标站点与源站点数据的添加,输入两个坐标系的公共点的参数数据并保存,系统可自动完成转换矩阵的计算;同时在弹出添加数据对话框页面,还可以修改目标站点与源站点和两个站点间的公共点数据的参数,重新完成转换矩阵中七参数的计算来进行坐标系统转换管理,如图 5-32 所示。

图 5-32 编辑坐标转换七参数

最后,在本系统的坐标系统管理栏目中,还可以实现以下功能:在"导出"中可生成坐标系统中转换参数的 Excel 报表文件;在"导入"中,可选择批量参数的数值进行导入,还可根据系统提示下载相应模板,上传后即可完成不同坐标系统中的转换参数的批量导入;在"查看"和"删除"按钮中可对该坐标转换参数的数据进行查看和删除,便于对坐标系统的参数进行管理。

c)区域数据管理

该模块的设计是对点云的数据管理归档及处理进行分区域管理,并将数据的管理带到了大范围、大储存量的云端,突破了传统单个计算机的计算处理能力瓶颈,可实现在不同区域地点的跨平台的多人协作激光点云数据的处理、更新、归档及管理工作。同时按照标准区域对数据进行管理,使得数据的存档更加直观、准确,使各个区域的点云数据更一致地保存及归档,还可以实现各个区域数据的共享与协作,达到资源利用的最优化。

在本系统模块中,可对各个区域数据进行区域数据管理及查询归档工作。在区域数据管理中,可进行大规模的点云数据的添加、查看、修改及删除城市与区域数据等。在该模块中,目前已构建全国各个省、市区域的父级站点,可在各个区域的站点中创建多级子站点及进行各类点云数据添加、查看、下载、删除及归档管理,具体如图 5-33 所示。在大存储量的云端,按照各个标准的行政区域对全国各个区域的点云数据进行归档管理,使点云数据的管理更加规范,同时实现各区域点云数据的高效共享,提高点云数据的效益。

第 5 章 外立面测量及监管 GIS 平台构建

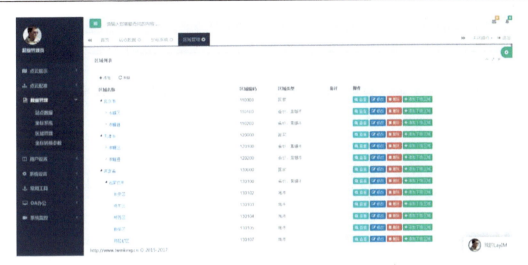

图 5-33 区域数据管理界面

5）点云配准模块

本模块可在数据库系统中进行激光点云数据的在线配准，实现各站点的点云数据的高精度配准。在激光点云数据采集过程中，单站点的点云数据不能完整地获取建筑外立面的整个场景信息，需要对多站点的点云数据进行配准，来构建完整的建筑物模型的点云数据。本模块包括各需配准站点的点云数据的添加、站点间公共点数据的添加，还包含站点点云数据及公共点参数的查询、修改及删除功能。本模块基于站点间公共点坐标值的转换矩阵来计算七参数并进行数据的在线配准，可快速地实现多站间的点云数据配准。本模块点云数据在线配准的设计可快速、完整地进行各个站点之间数据的配准，能较好地解决单站点的点云数据不能全面地重建目标对象完整的场景。

在本数据库系统"点云配准"栏目中，首先展开菜单后选择"七参数配准"即可进行目标站点及源站点点云数据的添加，其次根据七参数进行站点的激光点云数据配准，如图 5-34 所示。

图 5-34 站点间点云配准界面

在本模块进行的点云数据在线配准主要根据两站点之间的公共点的数据来求取站点之间的转换矩阵,即求取站点之间的七参数,就可进行两站点数据的配准。两站点点云数据的七参数配准的部分代码如下所示:

```
public String list(Sps sps,HttpServletRequest request,Http-
ServletResponse response,Model model){
    Page<Sps>page=spsService.findPage(new  Page<Sps>(request,response),
sps);
    for(int i=0,len=page.getList().size();i<len;i++){
        page.getList().get(i).setName(page.getList().get(i).get-
Station2Name()+"-->"+
            page.getList().get(i).getStation1Name());
    }
    model.addAttribute("page",page);
    return "modules/sevenparameters/spsList";
}
```

在两站点点云数据的配准过程中,首先添加两站点的具体点云数据,输入两个站点间的公共点参数并保存,在本系统即可自动完成站点间的转换矩阵七参数计算,同时生成转换任务。其次,点击"编辑"按钮,可对两站点的点云数据及公共点数据的参数进行查询和修改,并进行多次点云数据的配准,以达到最佳站点间的配准精度。两站点点云数据及公共点数据参数查询界面如图 5-35 所示。

图 5-35 两站点点云数据及公共点数据参数查询界面

在添加完站点间点云数据及公共点的数据后,可进行站点点云数据的在线配准。在本模块的"站间坐标系转换"栏目中,弹出选择转换任务菜单,单击"确定";本系统可将两个站点的激光点云数据进行七参数法的在线配准,执行配准转换任务,如图 5-36 所示。在本模块界面中的"导出"栏目中,还可以生成站点间坐标转换的各参数的 Excel 报表文件,并可进行批量数据的添加,以及查询和删除该坐标转换七参数的数据等功能。

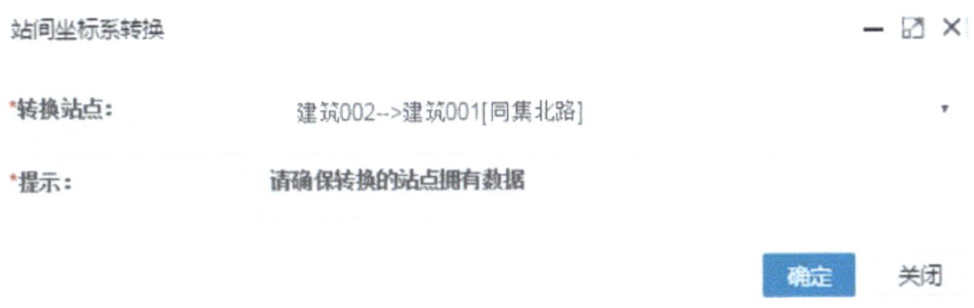

第 5 章 外立面测量及监管 GIS 平台构建

图 5-36 执行七参数法配准

6）点云展示量测模块

本模块可实现大规模点云数据的可视化及点云数据的在线精准量测。首先，在激光点云数据在线展示可视化模块上，可对建筑物的激光点云数据进行全方位的详细查看；其次，可对关键部位进行精确的量测，如对建筑的空调、窗户及管线的具体空间位置进行快速量测，实现建筑物任意空间目标对象的精细化数据获取。激光点云数据具有非常精确的三维坐标值，在本模块中可在线对任意对象目标及各个附件的相关距离参数进行获取，可精细、准确地获取定量参数，为数据库系统的增值和开发做准备。

在本数据库系统界面的"点云展示"栏目的展开菜单中，选择"点云可视化"栏目，可进行激光点云数据的导入及展示，并对点云数据进行三维可视化和量测，如导入建筑物的点云数据，可详细、完整、直观地查看建筑物的三维点云模型，点云可视化界面具体如图 5-37 所示。

图 5-37 点云可视化

在点云可视化界面中，点击"添加点云"按钮可进行点云数据的添加，在弹出的"站点数据添加"界面，可选择"站点数据"及"显示颜色"，可让点云数据展示更为丰富的颜色，使建筑物的点云三维模型展示得更加直观形象，如图 5-38 所示。

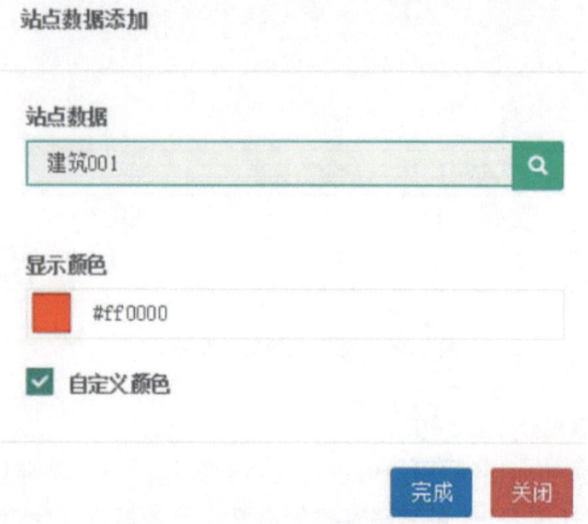

图 5-38 站点数据添加对话框

显示颜色对话框可使点云数据的可视化展示效果更丰富。可在对话框中自定义选择站点的显示颜色，在可视化界面即显示自定义颜色的信息；若没有自定义颜色系统则默认显示原来点云数据的颜色。本模块中显示颜色及自定义颜色的代码如下所示：

```
//十六进制颜色值的正则表达式
var reg=/^#([0-9a-fA-f]{3}|[0-9a-fA-f]{6})$/;
/*16进制颜色转为RGB格式*/
String.prototype.colorRgb=function(){
    var sColor=this.toLowerCase();
    if(sColor && reg.test(sColor)){
        if(sColor.length===4){
            var sColorNew="#";
            for(var i=1;i<4;i+=1){
                sColorNew+=sColor.slice(i,i+1).concat(sColor.slice
                (i,i+1));
            }
            sColor=sColorNew;
        }
        return sColorChange.join(",");
    }else{
        return sColor;
    }
};
```

在点云可视化界面中，可对各个站点、各种类型的点云数据进行添加，以及选择显示颜色来在线显示点云数据。本模块还可展示各站点点云数据在线配准的效果，以及配准后完整的目标对象的点云三维模型。例如，在同集路测区的某建筑物的两站点的点云数据配准后，在本数据库点云数据可视化模块中两站点的点云数据各显示不一样的颜色，如图 5-39 所示，从该图中可得出该建筑物的点云数据配准效果较好，同时在本可视化界面中可完整地查询浏览建筑物的窗户、门等丰富的细节信息及空间点云数据信息，非常形象、直观。

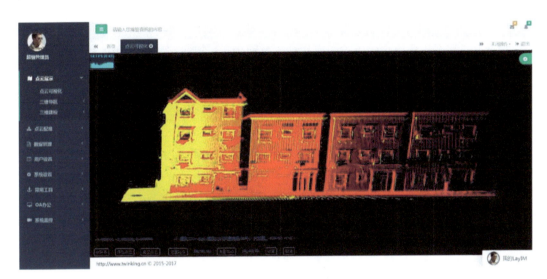

图 5-39　站点点云数据三维展示

在本模块中，可对点云数据进行可视化在线展示，使点云数据以更加完整、直观的形式展示出来。通过点云展示可对目标对象的点云的获取内容是否完整进行清晰的判读，以及对点云数据配准的效果进行直观的展示。本模块在点云数据内容的展示中具有重要性。本模块点云展示的可视化界面的代码如下所示：

```
function init(){
    transformControl.addEventListener('change',function(e){
        cancelHideTransorm();
    });
    transformControl.addEventListener('mouseDown',function(e){
        cancelHideTransorm();
    });
    transformControl.addEventListener('mouseUp',function(e){
        delayHideTransform();
    });
    var dragcontrols=new  THREE.DragControls(splineHelperObjects,camera,renderer.domElement);//
    dragcontrols.enabled=false;
    dragcontrols.addEventListener('hoveron',function(event){
```

```
    transformControl.attach(event.object);
    cancelHideTransorm();
});
dragcontrols.addEventListener('hoveroff',function(event){
    delayHideTransorm();
});
}
```

在"点云展示"模块中的"点云可视化"界面中，还可进行点云数据的空间信息的在线测量及计算。首先，在可视化界面中导入点云数据后选择"测量起点"，即在激光点云数据中选择测量目标点的起点；再选择"测量终点"，即在激光点云数据中选择测量目标点的终点，便可对该目标对象的距离进行量测。在本模块的点云可视化界面中，不仅可对点云数据进行三维模型的浏览查看，还可对任意目标对象的点云数据进行空间点位信息的量测和获取，还可对点云数据进行多站导入和删除管理操作等，非常直观便捷。例如，在同集路测区量测到某建筑物的宽度具体值为5.024m，如图5-40所示，非常便捷迅速。可直接在云端在线进行目标对象点云数据的任意空间点位信息获取，还不受传统单机计算机的性能存储和区域限制。通过本数据库系统，可在任意位置、任意时刻打开网页云端进行点云数据的展示及量测，为后续数据库系统的增值开发做基础准备，使点云数据的可视化效果好。因此，本模块的在线可视化和在线量测具有较好的效益。

图5-40 在线进行距离量算

在"点云展示"模块中，还可对目标对象点云数据进行在线量测，且量测的结果精度高。通过点云展示可视化的界面，还可为建筑外立面改造提供最原始的基础数据、点云数据模型及不同的建筑模型，可为后续工作提供重要的技术支撑。本模块可视化界面中显示距离量算的代码如下所示：

```
$(container).mousedown(function(event){
```

```
event.preventDefault();
var vector=new THREE.Vector3();//三维坐标对象
var aa=(event.clientX/window.innerWidth)* 2-1;
vector.set(aa,-(event.clientY/window.innerHeight)* 2+1,
    0.5);
vector.unproject(camera);
if(intersects.length>0){
    var selected=intersects[0];//取第一个物体
    var d=6;
    var x=selected.point.x/100;
    var y=selected.point.z/100;
    var z=selected.point.y/100;
    if(!useDefaultSystem){
        var x1=x,y1=y,z1=z;
        x=tx+x1 *(1+m)+wz * y1-wy * z1;
        y=ty+y1 *(1+m)-wz * x1+wx * z1;
        z=tz+z1 *(1+m)+wy * x1-wx * y1;
    }
});
```

5.5 本章小结

本章针对大批量城乡风貌房屋外立面改造工程资金核算、规划管理与项目管控的需要，建立基于航拍影像与点云数据获取及总平面图、外立面图制作、编码的技术方法，开发构建集总平面图，外立面图，立面现状及规划、施工效果图，激光点云数据获取、查询及存档管理于一体的建筑外立面施工改造监管 GIS 系统，该数据库系统可在线进行各类数据的获取管理、统计查询及归档工作，为灾后城市修补工程的规划、管理提供快速、精准、透明的重要集成化技术平台。

第6章 违章建筑动态监测及其监察信息系统构建

6.1 研究概述

对于沿海城市铁皮房的违章搭盖，台风来临时，会直接造成铁皮飞、车辆损毁、玻璃被砸等不良后果。这次超强台风对简易搭盖的建筑物的损坏程度是显而易见的。以往在台风防灾减灾管理中，在台风来临之前就会安排人员将简易搭盖的盖板拆下来，只留下框架，台风过后再装上去。本次"莫兰蒂"超强台风采取了史上最有力的措施，网络流传这样一句话："莫兰蒂来袭，宣布所有的简易搭盖到期"。如何借此东风遏制违章搭盖建筑物的重修重盖，以及采用无人机遥感开展常态化监管，是台风中减少生命财产损失的良善治理中重要"治本"工作。

随着经济的快速发展，城市的建设步伐也越来越快，由于城区的扩建，城市建筑也逐渐增多。与此同时，违建现象也随之增多，严重影响城市的管理工作，给城市监察部门的监察工作造成更大的压力。随着越来越多的城中村和旧城改造工作的推进，真实掌握城市违法建筑物的存量和增量也成为城市管理者非常重视的问题，违章建筑带来的危害不容小觑。违章建筑的危害大致有以下几点。

第一，浪费土地资源。违章建筑都需要一定的空间，它直接占用了大量的集体土地，甚至是基本农田，侵吞了集体资源，损害集体利益，造成国家资源低效利用。

第二，提高开发成本。随着经济的快速发展，开发的全面推进，科学合理规划的逐步完善，杂乱无章的违章建筑严重破坏整体规划，使即将进行的政府拆迁难以把握尺度，也给国家赔偿带来了巨大损失。

第三，影响依法治理。违章建筑的横行，给国家的土地管理、村镇建设、农民建房管理带来了诸多不利因素，使法律法规得不到有效的贯彻执行，对执法的权威产生了负面的影响，镇村两级的工作陷于被动，不利于政府促进经济、依法治镇、服务群众。

第四，增加安全隐患。违章建筑多为简易结构，因此，几年后它们都会变成危房，随时都会发生事故；路边的建筑物还会影响视线，造成交通事故；一旦出现风灾、火灾等情况，后果影响严重。

第五，影响社会稳定。大量违章建筑的出现，尤其是以赢利为目的的在基本农田上的乱搭乱建，就像一颗颗毒瘤，影响着村容村貌，影响着市民的居住环境。同时，这些建筑物都是未批先建，达不到技术规范，容易造成邻里纠纷的大量出现，与构建和谐社会的主题背道而驰。

为了实施全面高效的常态化监管，以厦门市思明区莲前街道为试点，采用多期无人机遥感数据成果，开发通过无人机获取DSM数据自动识别建筑物高程变化的初筛工具，以人机交互的方式对比两期正射影像，提取新建、扩建及拆除建筑物的边界，采用倾斜摄影及

720°全景航拍成果进行图斑验证及重点监管区域现状的三维展示，构建动态巡查 APP 及 WebGIS 监管平台，实现"天上看""地上管""网上查"的整体解决方案。

6.2 航拍影像获取和数据处理

6.2.1 前期影像数据的获取

第一期影像航拍范围为厦门市思明区莲前街道辖区覆盖区域，时间为 2017 年 2 月 19～22 日，期间完成野外的拍摄工作，除去阴雨天气，实际工作时间为 3d，影像空间分辨率优于 10cm。将获取的影像数据通过软件进行拼接融合，处理成一张正射影像图，总容量为 32G；通过 ArcGIS 软件对影像进行处理，在影像图上加载地名和行政区界，然后根据辖区的街道和社区分布，以莲前街道为一级网格区块，再把其划分为 81 个片区，作为二级网格单元，并打印输出 A0 纸质地图 82 张（包括总图一张，各个区块出图比例尺为 1∶1000 左右），实现"天上管"。

6.2.2 前期影像数据的作用

前期影像作为原始底图，可以通过它对整个监管区域有整体的认识，会对区域的交通干道、所处位置、地形地貌、建筑类型等信息有初步的了解，有利于监管执法部门下一步的工作部署；另外，原始地图可为后期建筑变化监测提供原始对比数据，由于有准确的航拍时间，所以就能为后期的监管提供准确的监测时间节点；通过航拍时间就能了解房屋加盖或拆除是在哪个时间段发生的，及时阻止房屋的进一步违章加盖情况发生，这也体现了航拍监测时效的优越性，为执法部门对违章建筑的处理提供一定依据。

6.2.3 影像数据网络共享发布

因为一个街道总数据量达 30G 之多，对管理员而言，电脑性能和 GIS 软件界面的复杂性会给应用带来瓶颈，所以采用网络 Web 发布形式，使得管理者利用网页浏览器或者手机就能流畅地查看航拍的大数据成果（图 6-1）。随着移动通信网络和移动终端技术的发展，越来越多的工作都得以在现场进行，智能手机更是作为日常生活工作的强力助手伴随市民的左右，所以社区网格管理系统设计主要以移动终端现场作业功能为主，同时提供后台管理 Web 平台；Web 平台主要提供基础数据的录入、网格数据的管理、网格员管理、网格员日常作业监督、网格内事件的统计分析和后台维护管理功能。基于高清航拍影像 GIS 可视化集成环境开发，能有效地提升网格监测数据集成化管理能力；再加上多期航拍动态变化检测，结合网格管理工作中的巡检数据查询、统计分析、综合研判计算的 GIS 分析工具，就能为迅速、定量、准确地了解环境变化趋势提供软件支持，也促进了执法部门对街道房屋建筑变化情况的精确掌握，为违章建筑监管提供有效的技术手段，实现"网上找"。

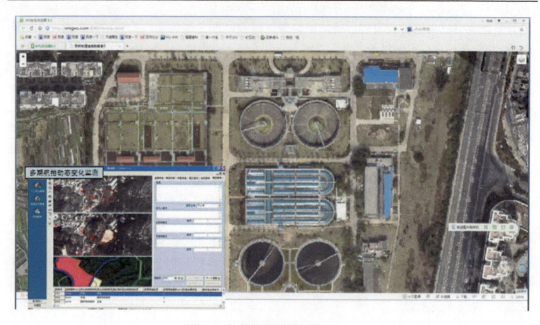

图 6-1 航拍数据的网络发布

6.3 多期航拍影像数据处理

第二期影像拍摄时间为 2017 年 3 月 3 日,通过对航拍影像的软件后处理,可得到 DOM、DSM 及三维影像等数据。建筑的加盖或拆除意味着其高程的变化,基于这个原理,只要得到建筑物的 DSM,并通过两期对比,提取出 DSM 的变化差值,就可通过计算机对有变化的建筑进行初步筛选。在计算机初筛的基础上,再通过人工目视解译对其补充,对三维影像和 720°全景进行验证,即可得到违章建设图斑,并制作相应的专题图。

6.3.1 基于 Model Builder 的建筑物变化初筛

建筑物变化是指在特定区域一段时期内建筑物的新建、加盖、拆除等变化情况,这些变化集中体现在建筑高度上(图 6-2)。利用观测区域长时间系列的 DSM,结合空间分析算法,可提取得到区域建筑物高度变化分布图[图 6-2(a)]。对高度变化分布图做进一步分析,设置合理的高差值分类数量和间隔,最终得到建筑物高度变化重分类图。结合实际情况,认为前后时相高差绝对值小于 1.5m 的部分为非建筑物变化区间,所以将这一部分区间数据过滤掉,其余数据以 1m、1.5m 等为间隔进行重分类,选取适当的图层符号样式得到最终的结果,如图 6-3(b)所示。通过该图能够准确、直观地显示出项目区域一段时期内建筑物高度变化的动态变化情况,可实现对本区域内建筑物新建、加盖、拆除等变化状态的快速识别与初筛,有效减少前期人工判读地物的工作量,为进一步人工目视解译提供线索。

(a) 违章建筑　　　　　　　　　　　(b) 疑似未拆除的违章建筑

图 6-2　违章建筑识别

以上常规处理步骤，在影像数据有限及空间处理步骤不多的情况下，可以通过手工的方式完成所需的空间分析工作，并不会显著地增加工作时间。但是随着信息技术的发展，尤其是无人机成套化技术的成熟，影像采集数量和采集频率均得到了极大的提高。面对海量影像大数据，对其进行信息挖掘与空间分析的时间就会成倍增加，而业务化部门对数据成果的实效性要求一般较高，导致其无法承担由于手工处理所消耗的大量时间成本。因此，需要寻求一种简单高效的方法来简化手工处理步骤。

Model Builder（模型构建器）是 ArcGIS 软件中的配套数据建模工具，该工具提供了一个可视化编程与建模环境，在设计和实现各种空间数据处理模型（包括工具、命令、脚本和数据）中得到了广泛的应用。模型用数据流表示，将一系列工具和数据串起来以创建高级的功能和工程。利用 Model Builder 可以实现简单工作流集成化，可以创建模型，并将其共享为工具，来扩展 ArcGIS 软件中的固有功能，同时还能够使计算机的高性能计算能力得到充分的利用。一个设计合理、开发完善的模型可以极大地帮助简化空间数据处理中的手动操作步骤，实现空间数据处理自动化、批量化，使前期数据处理工作的效率大大提高。带来的直接好处有：①可以帮助业务人员从重复、繁重的数据处理工作中解放出来，将时间和精力更多地投入到业务本身上；②可以极大地减少由手动操作带来的人为误差；③融合其他编程语言（如 Python 等），可以实现更高级的、面向专业领域的自定义程序和算法，丰富和创建更多高级功能。

基于上述原因，以下利用 Model Builder 构建一个基于 DSM 的建筑物高度变化自动处理工具，以此来帮助实现空间数据处理自动化，简化空间数据处理中的手动操作步骤，模型构建流程如图 6-4 和图 6-5 所示。首先，对同一研究区域的多时相 DSM 数据进行预处理，包括数据探查、投影转换等，保证处理后的所有时相数据拥有相同且准确的坐标系，为后续空间分析奠定基础。使用栅格计算工具使预处理后的前后时相数据相减，公式如下：

$$Result = Current\_Image\_ProjectRaster - Early\_Image\_ProjectRaster$$

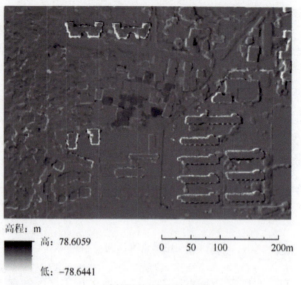

(a) 建筑物高度变化分布图

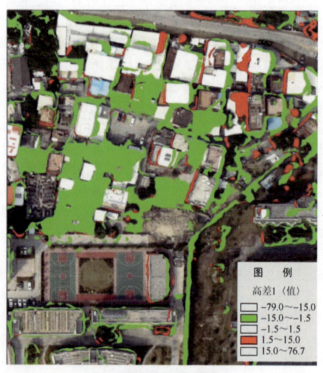

(b) 建筑物高度变化重分类

图 6-3　建筑高度识别

式中，Result 为同一区域前后时相 DSM 的差值，Current_Image_ProjectRaster 为后时相 DSM（表示当前），Early_Image_ProjectRaster 为前时相 DSM（表示过去）。当 Result 为正值时，表示该处高程增加，可能是由新建、加盖建筑物造成的；当 Result 为负值时，表示该处高程降低,可能是由拆除建筑物造成的。

通过以上流程基本上已经实现了对某区域一段时期内所有地物高程变化的自动提取。考虑到本节主要研究对象是建筑物,所以对林地、灌木、山区等潜在干扰因素进行剔除,利用掩膜工具完成建筑物区域的提取工作。根据前文所述,认为前后时相高差绝对值小于1.5m 的部分为非建筑物变化区间,所以将这一部分区间数据过滤掉,其余数据以 1m、1.5m 等为间隔重新进行分类,最终得到建筑物高度变化分布图。

将上述数据处理模型实体化,生成相应数据处理工具,如图 6-4 所示。该工具可以共享,可以进一步开发和完善,同时也具有良好的交互界面,便于大数据的批量处理。图 6-5 为基于 DSM 的建筑物高度变化自动处理工具。

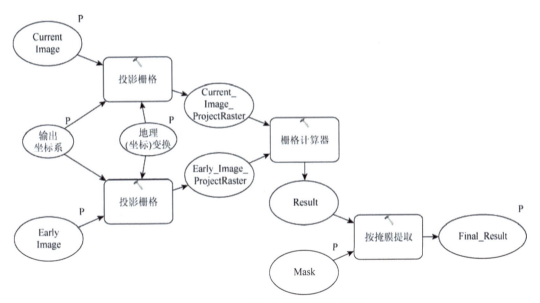

图 6-4　建筑物高度变化自动提取流程图

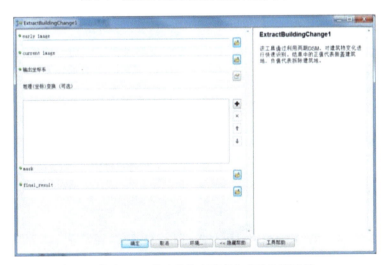

图 6-5　基于 DSM 的建筑物高度变化自动处理工具

通过计算机的自动化处理即可得到一个新的 DSM 数据（Result），即两期影像高程差，为了应用方便，可以通过其属性中的符号系统对数据进行分类，并设置相应的阈值和选取适当的颜色表示范围区域（图 6-6）。

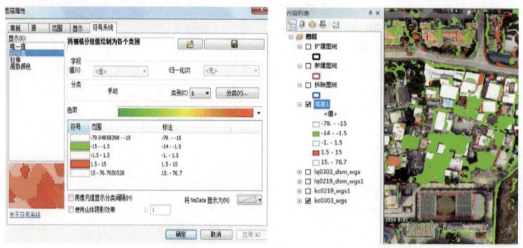

(a) 建筑高程分类符号属性　　　　　　(b) 建筑物高程变化

图 6-6　建筑高程变化分类

通过前期的处理就可以看到很多提取的图斑，加上相应的影像底图，通过人眼识别，就能看出有高程变化的房屋，通过 ArcGIS 的识别功能任意查询建筑物的高程变化大小，这对后续的目视解译工作起到了导向作用；同时可对其初筛结果制作专题图（图 6-7）。

 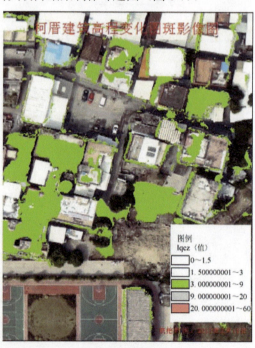

(a) 图斑高程查询　　　　　　(b) 图斑高程制图

图 6-7　图斑高程查询及制图

6.3.2 人工目视解译

建立数据库，新建相应的要素（如加盖、拆除等，可视建筑物的变化类型建立相关要素），在计算机违建图斑初筛的基础上，在配合影像底图的基础上，对明显的加盖拆除建筑进行图斑提取，对于一些正射影像图不易看出来的区块（如某些楼层加盖），且初筛图斑不明显的建筑物，可以通过 ArcGIS 识别功能查询 DSM 图斑高程，确认建筑物变化情况。

1. 要素的属性信息

要素属性表的内容应具体反映要素的相关信息，根据研究的需要，添加的字段大致应包括序号（OBJECTID）、图斑类型（tblx）、经度（JD）、纬度（WD）、面积（mj）、日期（RQ）、图斑编码（TBBM）等；另外，通过属性表可以对监测区域变化建筑的相关数据信息进行统计，如加盖或拆除的建筑物数量、楼房面积等（图 6-8）。

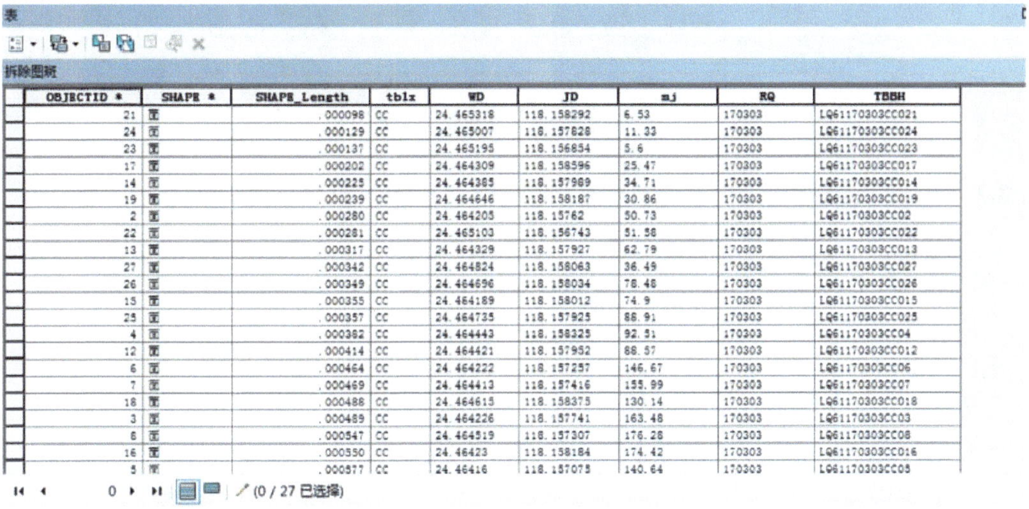

表

拆除图斑

OBJECTID *	SHAPE *	SHAPE_Length	tblx	WD	JD	mj	RQ	TBBH
21	面	.000098	CC	24.465318	118.158292	6.53	170303	LQ61170303CC021
24	面	.000129	CC	24.465007	118.157828	11.33	170303	LQ61170303CC024
23	面	.000137	CC	24.465195	118.156854	5.6	170303	LQ61170303CC023
17	面	.000202	CC	24.464309	118.158596	25.47	170303	LQ61170303CC017
14	面	.000225	CC	24.464385	118.157989	34.71	170303	LQ61170303CC014
19	面	.000239	CC	24.464646	118.158187	30.86	170303	LQ61170303CC019
2	面	.000280	CC	24.464205	118.15762	50.73	170303	LQ61170303CC02
22	面	.000281	CC	24.465103	118.156743	51.58	170303	LQ61170303CC022
13	面	.000317	CC	24.464329	118.157927	62.79	170303	LQ61170303CC013
27	面	.000342	CC	24.464824	118.158063	36.49	170303	LQ61170303CC027
26	面	.000349	CC	24.464696	118.158034	78.48	170303	LQ61170303CC026
15	面	.000355	CC	24.464189	118.158012	74.9	170303	LQ61170303CC015
25	面	.000357	CC	24.464735	118.157925	88.91	170303	LQ61170303CC025
4	面	.000382	CC	24.464443	118.158325	92.51	170303	LQ61170303CC04
12	面	.000414	CC	24.464421	118.157952	88.57	170303	LQ61170303CC012
6	面	.000464	CC	24.464222	118.157257	146.67	170303	LQ61170303CC06
7	面	.000469	CC	24.464413	118.157416	155.99	170303	LQ61170303CC07
18	面	.000488	CC	24.464615	118.158375	130.14	170303	LQ61170303CC018
3	面	.000489	CC	24.464226	118.157741	163.48	170303	LQ61170303CC03
8	面	.000547	CC	24.464519	118.157307	176.28	170303	LQ61170303CC08
16	面	.000550	CC	24.46423	118.158184	174.42	170303	LQ61170303CC016
5	面	.000577	CC	24.46416	118.157075	140.64	170303	LQ61170303CC05

0 (0 / 27 已选择)

图 6-8 图斑要素属性字段

2. 建筑的编码

由于每一栋建筑都是独一无二的，所以每一栋建筑的信息也应该是唯一的，所以应赋予每一栋建筑特有的编码，使得每一栋建筑有区别于其他建筑的“身份证”，因此每一栋建筑的编码可以由一级区块名称（如莲前）、二级片区编号（如 61）、航拍日期（如 170303）、图斑要素名称（如扩建 kj）、建筑序号（如 1、2、3 等）组成，以此区分其他图斑要素；同时，通过对建筑要素的标注，就可以在已经提取出有建筑变化要素的正射影像图上看到相应建筑的编码，以及其他要素信息，如经度、纬度、面积等。通过计算机初筛和人工目视解译结果，即可得到违章建筑图斑提取结果（图 6-9）。

(a) 建筑编码制作　　　　　　　　　　(b) 违章建筑制图

图 6-9　建筑编码及违章建筑制图

6.3.3　两种三维验证

1. 三维影像验证

通过软件后处理对倾斜摄影所得到的航拍影像进行加工，即可得到可视化的三维影像图；倾斜摄影的突出之处在于图像输出的可视化，建立可测量的客观真实三维模型，使抽象回归真实，不但有地面的要素特性，还能保证更精准的模型位置关系。通过三维影像模型的建立，就可以在影像上任意量测所需监测的建筑，如每一栋建筑的高度、面积等（图 6-10）。

将倾斜摄影数据输出成 OSGB 格式三维数据（图 6-11），该数据格式为开源格式，可支持多种三维软件的二次应用。将输出的 OSGB 格式数据发布至 Loca Space Viewer 在线地图浏览器（图 6-12）。将在线发布的倾斜摄影数据成果供公众直观查看及操作地表和房屋的三维分布真实状况，对违章建设行为起到震慑作用，同时有利于针对违章建设现象开展处理取证与典型性教育工作。

2. 720°全景验证

720°全景是指水平 360°和垂直 360°环视的效果，通过软件后处理技术处理照片后能得到 360°全景照片，给人以三维立体的感觉，使观者犹如身临其境。720°全景拍摄与制作速度都很快，当天拍摄当天便可以发布，网页发布后，浏览网页即可清晰、直观地浏览影像数据成果，且在普通手机与电脑端皆可快速查看，浏览页面对软件的要求相对较低（图 6-13）。

第 6 章 违章建筑动态监测及其监察信息系统构建

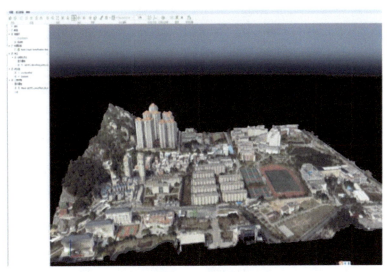

(a) 加载倾斜摄影数据成果

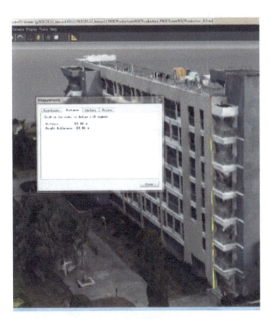

(b) 高度量测

(c) 面积量测

图 6-10 基于三维模型的建筑高度量测和面积量测

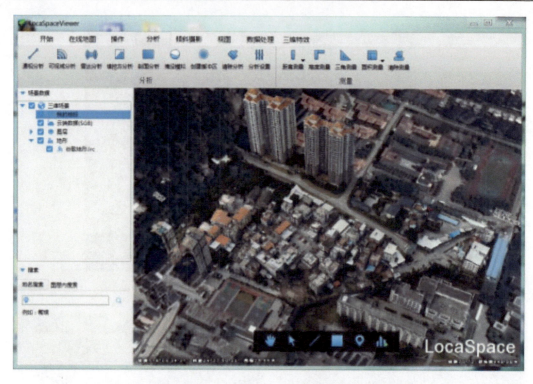

图 6-11 柯厝 OSGB 格式数据在二维影像图中的叠合应用

图 6-12 基于 Loca Space Viewer 在线浏览器量测违章搭盖顶棚

图 6-13　720°全景发布

6.4　基于 WebGIS 的违章建筑巡查管理系统

违章建筑物管理主要通过监管平台对违章建筑物进行目标影像识别、实地验证、查处流程监控、问题历史追溯等一系列动态监管。因此，所采用的数字化信息管理系统需要能对违章实体进行精确定位和空间信息分析，而这些功能正是 GIS 的主要功能。传统的 GIS 软件（如 ArcGIS、QGIS）或管理平台需要用户具备一定的专业知识，其适用性不广。随着网络技术的迅猛发展，WebGIS 作为当前 GIS 应用的发展趋势，使地理信息管理从专家系统扩展到社会的各个领域，已逐渐成为大众化的信息平台。

相比于传统 GIS 软件平台，借助 WebGIS 搭建的系统平台在体系架构上有了根本的转变。首先，WebGIS 依赖 Internet 网络通信和 TCP/IP、HTTP 等协议构建，可实现任意平台、任意地点的数据访问。其次，WebGIS 在前端采用标准的 HTML 浏览器作为客户端，借助目前主流的交互式网页前端开发工具，如 Bootstrap，可定制出友好的用户交互界面，操作简单明了，直观形象。另外，其后台服务端采用分布式的服务器架构，借助云数据计算平台，可有效地均衡海量空间数据处理的高计算负载，最大限度地发挥计算机资源的利用率。最后，利用现有的空间数据库软件（如 PostGIS），实现 WebGIS 对不同空间数据格式的支持，从而达到多源数据管理的目的，随着空间数据索引技术的发展，利用空间数据库进行数据管理可有效地提高效率和细致程度。

本章基于以上背景展开，研究以 OpenGeo 套件为代表的 WebGIS 系统架构和相关开发技术，分析面向对象空间数据库 PostGIS 的设计和集成过程，通过构建一个完整的原型系统，具体阐述如何将 WebGIS 技术用于城市违章建筑的数字化信息管理中。

6.4.1　系统构架与开发技术

1. 相关知识与技术

目前 WebGIS 系统主要采用浏览器/服务器模式，即 Browse/Server（B/S）模式，B/S

模式是随着 Internet 技术兴起，而对客户端/服务器（C/S）模式的改进。主要差别在于用户界面使用基于 HTML 协议的浏览器，把少部分事务逻辑，如图片加载、GeoJSON 数据绘制、用户交互等操作放于前端，而主要的事务逻辑，如数据查询、空间分析等，则放在服务器中实现。B/S 模式简化了客户端软件，而将系统的功能开发、维护和更新方法应用于服务器上，数据则放在服务器的数据库中，从而形成一个由客户层、中间应用层和数据库服务器组成的三层体系结构。相比 C/S 模式和传统的单机客户端模式，更易于管理维护，对客户端要求最低，方便系统使用和推广。

本书 WebGIS 的系统实现基于开源的 OpenGeo Suite 开发套件，OpenGeo Suite 提供了一套综合性的基于 Web 的制图和数据共享解决方案。主要包括 GeoServer、PostGIS、和 OpenLayers 等组件。不同组件对应不同的功能模块，如 GeoServer 是地图应用服务器，它能够提供基于 Web 访问的标准化空间数据源；PostGIS 则是关系型数据库 PostgreSQL 的空间扩展模型，提供了对空间数据格式的支持；WebGIS 的前端地图显示和交互则由 OpenLayers 实现，其是一个基于 JavaScript 的开发包。此外，OpenGeo 还提供了一些其他组件，如通过 GeoExplorer 的可视化界面，可对地图图层的 SLD（Styled Layer Descriptor）属性进行修改，定制实现多样化的 Web 地图样式。GeoWebCache 则用于构建栅格影像金字塔。在使用 OpenGeo Suite 的过程中都是通过控制台 Dashboard 来进行登录和编辑的。软件的体系架构如图 6-14 所示。依据 WebGIS 的三层体系架构，其主要实现软件包括以下几个。

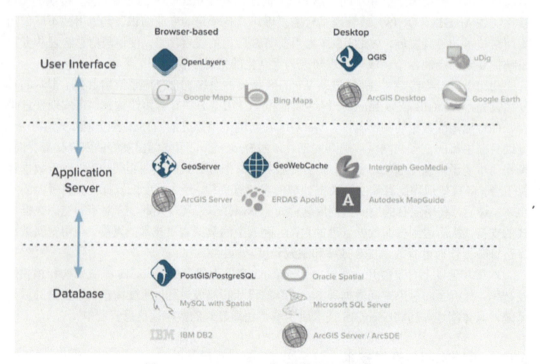

图 6-14 OpenGeo Suite 系列软件的层级关系

1）用户层

OpenLayers & Leaflet：OpenGeo 套件默认提供的前端开发工具是 OpenLayers 3，

OpenLayers 3 是一套基于 JavaScript 的 WebGIS 开源包，支持多种地图数据（如 OSM、百度、高德等）源，同时也支持标准的 Web 地图服务（WMS）和 Web 要素服务（WFS）。支持基本的地图缩放、平移效果，此外，还提供矢量动画功能，能够实现散点、热力图、密度图等渲染效果。

虽然 OpenLayers 3 提供了完善的 WebGIS 地图功能，但是 OpenLayers 3 项目开发的初衷是满足浏览器端的地图显示，其相关的 API 调用过于烦琐，且其在移动端的显示效果有待进一步改善。因此，在实际应用中，为满足移动端地图显示的需求，本书额外引入了开源 Leaflet 体系框架，Leaflet 是一个为移动设备提供友好的交互操作而开发的开源 JS 地图库，相比于 OpenLayers 3 和 Leaflet 更为轻量，代码仅有 33kB，但具有在线地图的大部分功能，其设计思路提倡简便、高性能和可用性好的思想，同时具有丰富的扩展插件可供选择。可同 OpenLayers 3 互为补充。

无论是 OpenLayers 3 还是 Leaflet，其核心框架类似，由一个 Map 类作为容器，用于添加图层、控件、注记及绑定相关的用户事件。二者均通过 Ajax 技术实现数据的显示和事件响应。

2）应用层

应用层集成了 GeoServer 和 GeoWebCache 两个模块。GeoServer 是一个基于 J2EE 实现的开源地图服务器，严格遵循 OpenGIS Web 服务器规范。它允许用户分享和编辑空间数据，设计意图在于突出它的互操作性。它可以从任何一个开源标准的空间信息数据源发布数据。作为一个社会驱动的项目，GeoServer 的开发、测试都来自世界各地不同的组织和个人的支持。GeoServer 参照开放地理空间信息联盟（OGC）WFS 和网络覆盖服务（WCS），以及高性能且标准兼容的 WMS 提供的标准。它是 Web 地理空间的核心组件，提供可共享且强大的地图和特征分析及编辑空间数据服务器，使用基于 OpenGIS 开放标准的空间数据源。可以与企业现有的 Web、移动和桌面应用集成，具有如下几个特点。

第一，支持多种空间数据格式（ArcSDE Oracle Spatial，DB2，微软 SQL Server，GeoTIFF 等）。

第二，支持多种输出格式（ESRI shapefile，KML，GML，GeoJSON，PNG，JPEG，TIFF，PDF，SVG，GeoRSS）。

第三，具有全功能的 Web 管理界面且便于配置的 REST API。

第四，可配置的访问控制安全系统。

GeoWebCache 是一个采用 Java 用于缓存 WMS Tile 的开源项目。当需要调用地图的客户端，发出对新地图和 Tile 的需求时，GeoWebCache 将拦截这些调用然后返回缓存过的 Tiles。如果找不到缓存再调用服务器上的 Tiles，从而提高地图展示的速度，实现更好的用户体验。它存储的地图数据来源非常广泛，如 WMS 及 Java 的 Web 应用程序。它实现了各种服务接口（如 WMS-C，WMTS，TMS，谷歌地图 KML，虚拟地球）的地图图像数据流传输优化。它可以定期为 WMS 的用户重新组织地图数据。

3）数据库

PostGIS 是 Refractions Research 公司开发的对象-关系型数据库系统，它是 PostgreSQL 的一个空间扩展。它提供空间对象、空间索引、空间操作函数和空间操作符等空间信息服务功能。PostGIS 的版权被纳入到 GNU 的 GPL 中。PostGIS 提供了基于 GiST 的 R-tree 空间信息索引数据，以及对地理信息对象的处理和分析功能。除此之外，还提供空间对象、空间索引、空间操作函数和空间操作符。同时，PostGIS 是遵循 OpenGIS 的规范开发的。它支持规范中的点（Point）、线（LineString）、多边形（Polygon）、多点（MultiPoint）、多线（MultiLineString）、多多边形（MultiPolygon）和集合对象集（Geometry Collection）等。除此之外，PostGIS 还提供规范外的功能：①数据库坐标转换。数据库中的几何类型可以通过 Transform 函数从一个投影系变换到另一个投影系。②球体长度运算。存储在普通地理坐标系中的集合类型如果不进行坐标转换是无法进行长度运算的，PostGIS 所提供的坐标变换使得累积类型的长度计算变成可能。③三维的几何类型。PostGIS 提供对三维集合类型的支持，具体是利用输入的集合类型维数来决定输出的表现方式。④空间聚集函数。空间聚集函数与数据库中的聚集函数执行相同的操作，只不过空间聚集函数的操作对象是空间数据。⑤栅格数据类型。PostGIS 先后出现过 PGCHIP、PGRaster、WKTRaster 三种不同的方案，实现栅格数据对象的存储和管理。

2. 系统硬件架构

系统设计不仅面向相关技术人员，还需要提供城市普通群众的信息接收和反馈功能，为满足此条件建立体系结构完整、容量庞大的硬件架构是有必要的。这不仅要求系统在硬件上要考虑多种硬件设备操作的可能性，还需兼容多种操作系统，并且在服务器部分的结构选择上也需要进行合理筛选和分配。

系统硬件架构包括 Windows、Android、IOS 系统的客户端，服务器的整体架构采用云服务器的形式，包括 Tomcat 应用服务器、Redis 数据缓存服务器、数据库服务器、登录服务器（图 6-15）。

1）Tomcat 应用服务器

这是一个免费开源的 Web 服务器，其运行时占用系统资源少、可拓展性好、支持负载均衡等特性可为系统提供良好的业务支持。它在服务端主要负责对系统业务逻辑进行判断。

2）Redis 数据缓存服务器

Redis 数据缓存服务器支持数据的持久化，可将数据的更新异步保存在磁盘上；支持多种语言，如 Python、PHP、Java 等；支持简单快速的主-从复制；具备高性能特性，可承载百万级访问并发；该服务器负责服务端的数据备份缓存，用户请求经过 Tomcat 判断后，Redis 检索该服务器内存中是否存在请求的历史数据，若存在则直接返回数据，若不存在则访问数据库服务器。Redis 的加入能加快数据的请求时间、减轻 Tomcat 的负担，增强系统操作的伸缩性。

3）数据库服务器

数据库服务器负责响应用户的初次数据请求操作。

4）登录服务器

从数据库服务器分离出来，避免了数据库服务器中存在的不必要的逻辑检索，减少系统反应时间，该部分专门负责响应用户的登录操作。

第 6 章 违章建筑动态监测及其监察信息系统构建

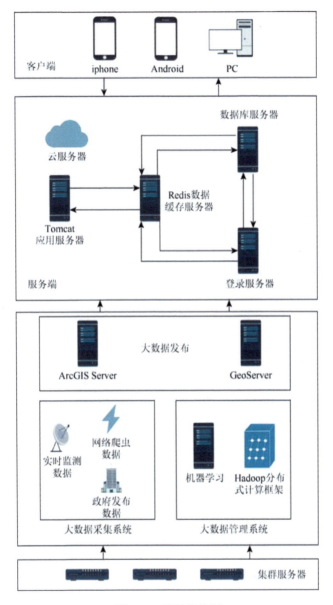

图 6-15 硬件架构图

3. 系统软件架构

系统软件架构主要分为以下几个部分（图 6-16）。
1）前端 UI
系统前端 UI 使用 HTML+CSS+JavaScript 模式进行设计开发，利用该模式轻量级的特点构建一个完整的前端页面架构，使得系统能更好地根据客户的需求进行前端页面的设计。同时系统采用 Bootstrap 布局框架进行设计，使得系统能够很好地自适应于 PC 端设备和 Android 端设备。前端数据处理方面采用 jQuery 框架进行数据的请求和调用,数据的刷新主要通过 jQuery 语言连接底层的数据接口和功能接口,实现数据的实时渲染,以增强用户的体验。

2）展示层

系统的设计开发模式主要采用 MVC 模式,对于 Web 页面设计的开发通过 FreeMarker 模板引擎来渲染,并结合 Ajax 异步更新方法的 POST 请求和 Get 请求实现系统展示层与业务层的交互。

3）业务层

系统设计不仅需要对用户的展示界面下足功夫,还需要对客户的需求进行分析,对系统的业务的逻辑进行整理,不断地对系统的内容管理、用户管理、系统设置、统计报表、系统日志、设备管理等部分进行完善,以满足客户的需求。

4）数据层

系统为数据的读取设计数据存储的中间层,主要为系统提供存储过程、数据缓存、事务管理、读写数据库的功能服务。不仅如此,在数据层系统设计使用 log4j 日志组件模块,对系统的每一次操作进行跟踪,控制每一条日志的输出格式,通过这种方式控制系统日志的生成过程,以及使用强大的 Java 安全框架 Shiro 执行身份的验证、授权、密码和会话管理。

5）数据库

在数据库设计时从系统使用数据入手,涉及的数据形式主要分为两个方面,一方面为空间型的地理信息数据,为增强系统的空间数据的可拓展性,设计将 PostgrSQL 数据库作为存储手段；另一方面为关系数据,通过使用 MySQL 关系数据库来弥补空间数据库存在的不足。

6）运行环境

系统采用的服务器系统为阿里云主机 Windows Server 2012,应用服务器选择免费开源、轻量级的 Tomcat 服务器,地图服务器为 GeoServer,主要对存储于 PostgreSQL 数据库的地理信息数据进行发布。

6.4.2 空间数据库设计与集成

在空间数据库的设计过程中,需要注意两个方面:第一,要获取违章建筑相关的地理信息数据,如无人机航拍数据、初筛矢量数据及相关的基础数据,如 POI 兴趣点,景观建筑数据需要借助空间数据库进行管理；第二,需要进行详尽的需求分析,依据有关部门对于违章建筑物的标准化处理流程设计相关的概念模型,从而实现对违章建筑的动态监控。为实现以上目标,本书对数据库的设计采用如下步骤。

1. 空间数据概念模型

空间数据分类包括矢量和栅格,数据库的结构采用三级数据模型的方式,即概念模型、逻辑模型、物理模型。传统关系数据库无法直接用于管理空间数据,必须对数据模型和方法进行扩展,如概念模型扩展、逻辑模型扩展、物理模型扩展。

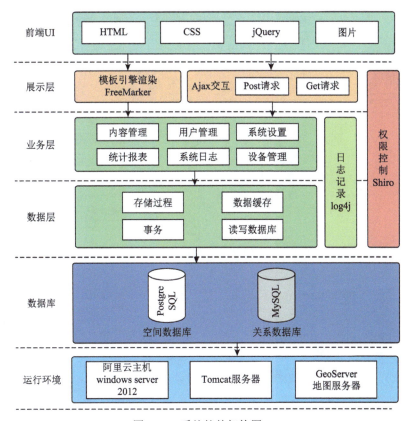

图 6-16 系统软件架构图

概念模型实际上是现实世界到机器世界的第一层抽象。信息世界中，用于描述现实世界的概念如下。

第一，实体（entity）：客观存在并可相互区别的事物。

第二，属性（attribute）：实体所具有的某一特征。

第三，码（key）：唯一标识实体的属性集。

第四，域（domain）：属性的取值范围。

第五，实体型（entity type）：实体名及描述它的各个属性。

第六，实体集（entity set）：同一类型实体的集合。

第七，联系（relationship）：相当于现实世界中，事物内部及事物之间的联系。

例如，简单几何对象模型的概念模型如图 6-17 所示。

图 6-17 的简单几何对象模型的概念模型是用 UML 类图表示的,本书主要使用矢量图进行数据挖掘，涉及几何对象模型，以下对 UML 类图和几何对象模型做简要介绍。UML 是 Unified Modeling Language 的缩写，全称为统一对象建模语言，用于在概念层对结构化模式和动态行为进行建模。

从图 6-17 可以看出，UML 类图有以下几个要素。

第一，类（class）：是应用中对具有相同特征的对象的描述。

第二，属性（attribute）：用于描述类对象，其作用域有公有、私有、受保护 3 个级别。

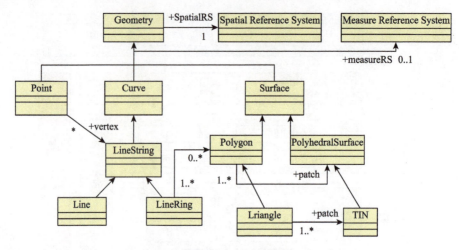

图 6-17 简单几何对象模型

第三，方法（method）：是一些函数，它们是类定义的一部分，用来修改类的行为和状态。

第四，关系（relationship）：将一个类与另一个类或自己建立联系。主要关系有关联、聚合、组合、范化、依赖。

简单几何对象模型是空间数据库中常见的模型。从图 6-17 中可以看出几何（Geometry）类为所有空间类的父类，下属子类有点（Point）、线（Curve）、面（Surface）3 个（几何集合类在此省略）。点子类还可以再细分为点、多点，矢量图上的城市用点表示，在后文的实际应用案例中，矢量图上的兴趣点（POI）也属于点类；线还可细分为曲线、折线、线段、线环等，可以表示矢量图上的路等线状要素；面子类细分为多边形、体表面、三角形、不规则三角网等，用来表示建筑物、水体、绿地等面状要素。类之间的关系有两种：继承、聚合，如点、线、面 3 个子类继承了父类几何的特性，点聚合成线等。

在几何对象模型中，任意对象都有边界（Boundary）、内部（Interior）、外部（Exterior）三种属性，这些属性在空间拓扑分析中有重要的作用。几何对象类的主要方法有常规方法、常规 GIS 分析方法和空间查询方法。本书主要使用空间查询方法，在此，其他两种方法就不再介绍。几何对象空间查询函数如图 6-18 所示。

图 6-18 为几何对象空间查询函数，空间查询函数主要定义相等（Equals）、相离（Disjoint）、相交（Intersects）、相接（Touches）、穿越（Crosses）、被包含（Within）、包含（Contains）、叠加（Overlaps），以上几种空间拓扑关系被称为九交模型，Relate（）函数是判断本几何对象和另一个几何对象是否符合给定的九交模型矩阵的函数。这些函数均由 PostGIS 空间数据库提供。

图 6-18 几何对象空间查询函数

2. 空间数据逻辑模型

逻辑模型是将现实世界映射为计算机或数据库系统能够理解的模型。数据库领域先后出现层次模型、网状模型、关系模型、对象-关系模型、面向对象模型等逻辑模型。本书主要涉及对象-关系模型，对象-关系模型是关系数据库技术与面向对象程序设计方法相结合的产物。对象-关系模型数据库一般具有以下功能：①扩展数据类型，如可以定义数组、向量、矩阵、集合等数据类型。②支持复杂对象，即由多种基本数据类型或用户自定义的数据类型构成的对象。③支持继承概念。④提供通用的规则系统。PostGIS 中有基于预定义的数据类型和基于拓展的几何数据类型，基于预定义的数据类型是利用关系数据库中已有数据类型进行存储和管理，而基于拓展的几何数据类型是利用拓展的几何数据类型进行存储和管理。与基于预定义的数据类型相比，基于拓展的几何数据类型有以下几点优势。

第一，基于预定义方法需要把数据存放在基于 NUM 或者 BLOB 类型的 Geometry 表中，而 Feature 表中仅存放空间对象的 gid；

第二，基于拓展类型方法直接把数据存放在 Feature 表中；

第三，基于预定义方法存放数据采用 NUM 或者 BLOB 类型，因此无法对二进制存放数据进行解释或者函数操作，而基于拓展类型方法则可以；

第四，二者都具有系统定义的几何信息表和空间参考系表，前者的几何信息表包含 Geometry 表的信息，而后者不包含。

6.4.3 系统的环境搭建

1. 地图服务器构建

地图发布环境搭建主要包括 OpenGeo 套件、PostGIS 数据库及 QGIS 安装三部分内容。其中，OpenGeo 的安装提供安装包，直接安装即可，且默认将 Jetty 作为对外的地图发布服务器，当然也可根据需求自行安装 Tomcat 等其他服务器；PostGIS 数据库安装需首先根据实际情况选择不同版本，由于 PostGIS 是 PostgreSQL 的扩展插件，因此每一个版本的 PostgreSQL 都有一个对应的 PostGIS。安装过程依据向导提示进行，不再详述，需要注意的是两个软件需要安装在同一个目录下。在数据库创建完成之后，需要加载 PostGIS 提供的扩展模块功能，主要是一系列基于 OpenGIS 标准的处理函数，实现方式是在连接数据库后打开控制台 pgAdmin 软件菜单的 SQL 编辑框，执行以下 SQL 语句。

```
--Enable PostGIS(inculdes raster)
CREATE EXTENSION postgis;
--Enable Topology
CREATE EXTENSION postgis topology;
--fuzzy matching needed for Tiger
CREATE EXTENSION fuzzystmatch;
--Enable US Tiger Geocoder
CREATE EXTENSION postgis_tiger_geocoder;
```

GeoServer 服务器的搭建有两种方法，一种是部署在 Tomcat 应用服务器中，另一种是使用 OpenGeo 默认的 Jetty 应用服务器，可根据实际需求进行选择。经比较，后者安装较为简单，过程配置问题较少，较方便。

GeoServer 基于 J2EE 构建，因此安装 OpenGeo 之前，需要安装且配置 Java 环境。安装完成后需要启动 GeoServer 的相关服务，如图 6-19 所示。

图 6-19　启动完成提示窗口

接下来则可以通过浏览器直接进入 OpenGeo 的控制台 Dashboard。可以在 OpenGeo 的安装目录下直接点击快捷方式进入，如图 6-20 所示。

图 6-20　OpenGeo Suite 4.7 的用户主界面

如果通过 IP 无法访问，则进入 Jetty 文件夹，在 Jetty.xml 文件夹中修改一句代码如下：
<Property name="jetty.host" default="0.0.0.0"/>。重启后再次测试即可。将本机 IP 替换为"localhost"是为了之后通过 APP 登录服务器。

矢量数据导入界面。矢量数据导入需通过 GeoServer 连接 PostGIS 数据库，选择 Import Data->PostGIS，输入正确的参数，包括数据库名称、端口号、用户、密码等，界面如图 6-21 所示。

图 6-21　矢量数据导入界面

导入完成后，可进一步利用 GeoExplorer 对图层的样式进行修改，包括颜色、符号、透明度等，多个图层可进一步构建图层组，提高计算效率，如图 6-22 所示。

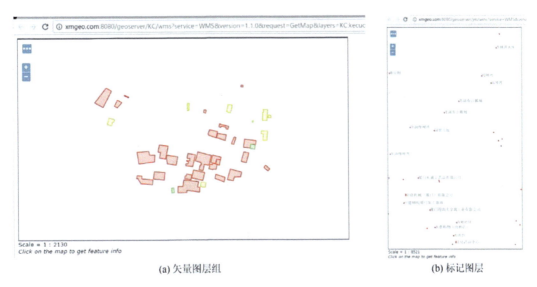

(a) 矢量图层组　　　　　　　　　　　(b) 标记图层

图 6-22　图层修改

影像数据导入。GeoServer 提供的扩展模型可直接导入分块的遥感图像并完成自动镶嵌，因此对于采集的无人机航拍数据，可直接通过 Import Data->Mosaic，选择相应的存放路径即可完成数据导入，如图 6-23 所示。

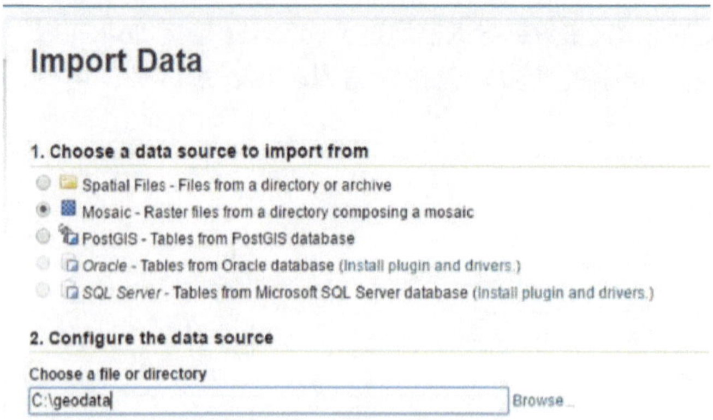

图 6-23 航拍数据导入

导入完成后,使用 GeoWebCache 工具设定合适的参数,包括分级层数、图片格式等,进行图像金字塔构建,完成后即可预览,如图 6-24 所示。

图 6-24 浏览界面

2. 前端访问页面开发

前端访问页面采用 OpenLayers 3 和 Leaflet 框架进行开发,本小节对思明区莲前街道遥感数据演示案例进行介绍,页面效果如下。

本案例中，地图显示的核心部件是定义的 Map 元素，相关的初始化代码为：

```
var map=L.map('map',{
    center:[24.467,118.131],
    maxZoom:20,
    zoom:14
});
```

其中，L 为 Leaflet 框架；center 为地图居中的坐标位置；maxZoom 为最大放大级别；zoom 为默认放大层数。

随后，即可定义当前地图所需要加载的图层，具体代码如下所示：

```
var basemaps={
Landsat8:L.tileLayer.wms('http://xmgeo.com:8080/geoserver/ ows?',{
    layers:'XML8:xml8,SMShp:siming',
    maxZoom:15
    }),L.control.layers(basemaps,overlays).addTo(map);
```

代码中，L.tileLayer.wms 表示加载的是一个 WMS 图层，第一个参数为 WMS 图层的 URL 地址，Layer 参数为图层在 GeoServer 服务器中的名称，名称由工作区和图层名称两部分组成。

依据上述方法，可依次添加所需要的兴趣点、道路等图层，不同图层的显示可通过图层面板进行控制，最终效果如图 6-25 所示。

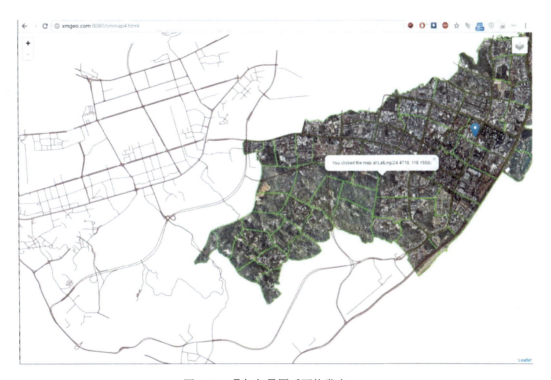

图 6-25　叠加矢量图后网络发布

6.4.4 系统功能设计

根据前几节系统使用技术及软件和硬件架构的详细介绍，本节主要对城市监察巡查系统的需求进行分析，设计系统的功能模块。建设城市监察巡查系统的主要目的是想结合无人机航拍技术、影像处理算法及计算机程序设计为城市监察部门提供一套切实可行的城市监察巡查系统方案，并针对城市监察部门的工作对系统进行合理化的功能设计，从而减轻城市监察部门的工作负担，以及减少错误的发生。该系统分为图斑管理模块、服务受理模块、巡查管理模块、设备管理模块、办公管理模块、系统设置模块。其中图斑管理模块包括网格管理、图斑浏览、列表管理、人员定位4个功能。服务受理模块包括事件管理和工单管理两个功能。巡查管理模块包括巡查计划、巡查工单两个功能。设备管理模块包括采购订单、采购入库、当前库存3个功能。办公管理模块包括请假管理1个功能。系统设置模块包括人员管理、权限管理两个功能。具体如图6-26所示。

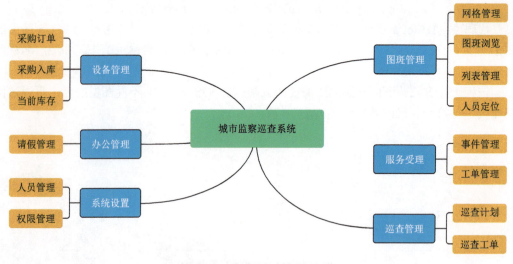

图6-26 系统功能框架设计图

以下对设计的各个功能具体描述。

1. 网格管理

查看不同网格内的违章建筑巡查作业情况，以及对不同时期不同网格内新建图斑、扩建图斑、拆除图斑进行统计分析。

2. 图斑浏览

查看特定网格区块内的图斑详细信息，以及将原状图和现状图进行对比，查看工作前后的变化。再根据特定规范将图斑的详细信息进行整合，输出文档。

3. 列表管理

以列表的形式查看不同时期不同地区图斑登记的详细信息。

4. 人员定位

显示当前的工作人员的定位信息和运动轨迹，同时提供工作人员的历史运动轨迹，还可进行运动轨迹的回放。

5. 事件管理

为解决群众反馈的问题，系统根据实际情况创建事件，并上传至服务器，系统再将事件工单派送至工作人员的 APP 移动端。工作人员再根据系统发送的工单进行实地检查工作。

6. 工单管理

系统生成工单并派发给工作人员后，工作人员再动态操作 APP 移动端实现上传下达的交互功能。

7. 巡查计划

系统制定月巡查计划，确定巡查责任区域、巡查责任人员、巡查路线、巡查时段、巡查频率等，生成任务工单，发送至 APP 移动端进行巡查工作。

8. 巡查工单

巡查工单是指作业人员在巡查过程中，对 APP 移动端中巡查工单的完成情况及内容的管理。

9. 采购订单

采购订单对该部门的设备采购进行管理，设备采购前需生成设备采购订单。系统对采购完成的设备记录进行入库。

10. 采购入库

采购入库是指将设备采购记录存入数据库，对当前设备订单进行统计。

11. 当前库存

当前库存是指将设备采购记录存入数据库，对当前设备订单进行统计。

12. 请假管理

请假管理对系统中登记的人员的请假情况进行登记管理。

13. 人员管理

人员管理对系统中的操作人员、外业人员、审核人员进行管理。

14. 权限管理

权限管理对系统中的人员进行区分，分配系统不同功能的使用权。

6.4.5 系统功能实现

根据 6.4.4 节对系统功能设计的详细介绍，我们将系统的功能分为图斑管理模块、服务受理模块、巡查管理模块、设备管理模块、办公管理模块、系统设置模块 6 个部分。系统根据这 6 个模块做出相应的实现，以下介绍相应的功能实现和部分关键代码。

1. 图斑管理模块

1) 网格管理

界面分为网格的详细信息、地图浏览窗口、图斑数量统计、图斑面积统计 4 个部分，通过点击地图浏览窗口中不同的区块，系统可对不同区块图斑的不同类型（新建图斑、扩建图斑、拆除图斑）进行统计显示，并在网格的详细信息中显示网格编号、网格名称、责任人、责任部门字段（图 6-27）。在历史作业情况调查表中显示巡查人员名称、作业日期、电话字段（图 6-28）。

图 6-27　地图操作窗口

地图浏览窗口创建代码如下：

```
var map=new ol.Map({
    target:'allmap',
    layers:[image,vectorLayer],
    view:new ol.View({
        center:ol.proj.fromLonLat([118.15811,24.46433]),
```

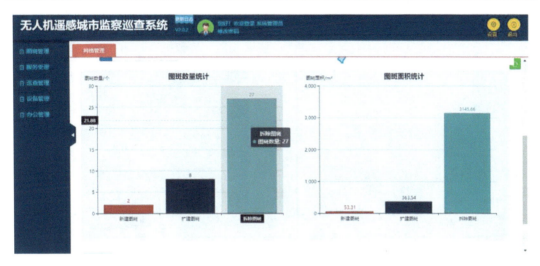

图 6-28　图斑统计

```
    zoom:14
  })
});
```

2）图斑浏览

选择网格编号、区块编号、巡查时间（图 6-29），点击查询界面图斑操作窗口，显示该区块该时间段的监察图斑情况。点击地图操作窗口中显示的任意图斑，图斑的详细信息窗口会显示图斑工作的详细信息，以及前后两期巡查工作中的原状图和现状图的影像对比情况（图 6-30）。点击输出报表（图 6-31），系统自动将图斑浏览界面的内容进行规整，生成报表并支持 Excel、Word 的格式输出。

图 6-29　图斑浏览界面

图 6-30　原状和现状对比图

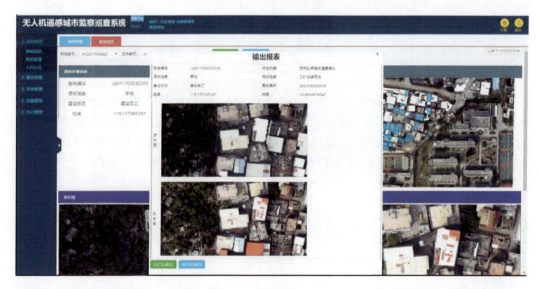

图 6-31　输出报表

Excel 格式输出代码如下。

```
$("#excel-button").click(function(){
    if($("#project-number")[0].innerHTML !=""){
        $("caption").empty();
        $("#table").tableExport({
           formats:["xlsx"]
         });
        $("caption").hide();
        $("button:contains('Export to xlsx')").click();
```

）；
}
3）列表管理

选择不同的行政区，界面显示该区域内所有图斑的统计信息，其中包括图斑编号、图斑坐落行政区名称、图斑坐落行政区代码等字段信息（图6-32）。

图 6-32　列表管理界面

4）人员定位

外业人员进行巡查工作时，APP 会实时将外业人员的定位实时传输至系统客户端，可实时联动地观察外业人员的位置及动向（图6-33）。该部分可选择外业工作人员及查询日期，点击查询按钮，查看外业工作人员的历史运动轨迹。点击开始按钮可查看人员的动态运动轨迹回放（图6-34）。

图 6-33　人员定位

图 6-34 运动轨迹回放

运动轨迹动画关键代码如下：

```
function startAnimation(){
  $("#startPlay").attr("disabled",true);
  $("#speed").attr("disabled",true);
  if(animating){
     stopAnimation(false);
  } else {

    animating=true;
    now=new Date().getTime();
    speed=speedInput.value;
    startButton.textContent='结束';
    geoMarker.setStyle(null);
    map.on('postcompose',moveFeature);
    map.render();
  }
}
```

2. 服务受理模块

1）事件管理

对于城管部门而言，日常工作中不仅需要安排常规的巡查工作，还需要应对如群众的举报来电这类特殊情况，部门在接到群众举报来电后，根据群众提供的信息，登记事件号、事件详址、创建日期、事件名称、责任人、责任部门字段，在系统的事件管理功能页面对事件的详细信息进行登记，并创建处理事件（图 6-35）。

第6章 违章建筑动态监测及其监察信息系统构建

图 6-35 事件管理

2）工单管理

系统操作人员根据事件管理中生成的事件填写工单号、事件名称、处理日期、责任部门、处理人、所属地址、执行状态等字段，生成事件工单，并实时将工单发送至 APP，并委派外业人员进行巡查作业（图 6-36）。

图 6-36 工单管理

3. 巡查管理模块

城管部门最主要的工作还是日常的巡视检查工作，针对这类工作，系统通过制定月巡查计划，确定巡查责任区域、巡查责任人员、巡查路线、巡查时段、巡查频率等，生成任务工单，发送至 APP 进行巡查工作（图 6-37 和图 6-38）。

图 6-37 巡查计划

图 6-38 巡查工单

6.5 网格化管理移动端系统建设

移动计算技术是随着移动通信、互联网、数据库、分布式计算等技术的发展而兴起的新技术。移动计算技术将使计算机或其他信息智能终端设备在无线环境下实现数据传输及资源共享。它的作用是将有用、准确、及时的信息提供给任何时间、任何地点的任何客户。移动计算技术已经极大地改变了人们的生活方式和工作方式。在本节中，由于网格管理工作是一项日常进行、数量庞大且分散不均的工作，所以必须将移动终端作为日常作业的信息化支撑手段，为网格管理人员现场数据采集和分析做准备。随着网格管理落地，提出了规范先行、信息化手段保障的措施，对网格管理的日常作业进行基于手机 APP 和信息化管理的模式，实现对现场作业网格员工作的标准化、可视化、可控化多维度管理，有效提高网格管理运行水平。

Hybrid APP 是指介于 Web-APP、Native-APP 这两者之间的 APP，这是一种新型的开发模式，采用 HTML5 技术实现，既支持 Web 主体的应用，又支持 Native 主体的应用，也支持两者混合的开发模式。具有跨平台、用户体验好、性能高、扩展性好、灵活性强、易维护、规范化、Debug 环境、彻底解决跨域问题等特点。用户体验可以与 Native APP 媲美。在功能方面，开发者可随意扩展接口。

本书采用 HTML5+PhoneGap 框架实现 APP 用户侧开发，同时，通过 J2EE 提供后台逻辑运算服务，既提高了 APP 稳定性，又兼顾了用户侧使用习惯和更新服务等需求。

手机客户端选用国产 WeX5 开发平台，WeX5 一直坚持采用 H5+CSS3+JS 标准技术，一次开发，多端部署，确保开发者成果始终通用、不受限制。WeX5 的混合应用开发模式能轻松调用手机设备，如相机、地图、通讯录等，让开发者轻松应对各类复杂数据应用，代码量减少 80%。WeX5 的可视化开发坚持为开发者提供良好的开发体验，采用拖拽式页面设计，易学易用，拖拽组件、设置属性即可完成复杂技术操作。

6.5.1 违章建筑信息核查前期准备

工作人员在进入社区进行建筑信息采集之前，先对即将采集信息的建筑区域进行大致了解，熟悉相关的地形和路径，确定查询地点后，携带安装有网格巡查 APP 的相关设备（如安卓手机），通过 APP 的定位导航即可到达指定的工作地点；进入工作区域时应佩戴相关的工作证件，同时携带标注建筑变化图斑的正射影像图，以便有针对性地进行巡查工作。

6.5.2 移动端 APP 现场信息采集

由于网格巡查 APP 采集的信息包括住户的区域精确位置（具体到住户门牌号）、建筑变化情况（拍照取证）等，会涉及很多个人的敏感信息，关系很多人的切身利益，所以网格员需使用各自的账号密码登录系统才能开始采集建筑信息（图 6-39），有效解决数据安全和信息管理权限，确保每个岗位的人仅能看到自己辖区的相关信息，而不能逾越自己管辖或巡查的工作区域，这也就明确了网格员的职责范围，同时住户的相关信息也得到了一定的安全保障。

软件设计方面采用扁平化的设计风格，在明确用户需求功能的同时，采用简单的用户界面元素，以最简洁的用户体验方式简化用户的操作流程，这种设计有着鲜明的视觉效果，它所用的元素之间有清晰的层次和布局，能让用户直观地了解每个元素的作用及交互方式。在交互上，更少的按钮和选项使得界面干净整齐，使用起来格外简单。这种设计方式能极大地提高社区网格巡检工作的效率。

图 6-39 网格员登录和信息采集

软件登录模块通过输入 SQL 数据库中存储的指定的用户名和密码,调用后端的 BAAS 服务实现对用户权限的管理认证,再由前段 Ajax 请求服务实现对用户身份的确认和权限管理。后端身份校验代码如下所示:

```
Connection conn=context.getConnection("wangge");
String userName="";
try{
    List<Object>sqlParams=new ArrayList<Object>();
    sqlParams.add(userid);
    sqlParams.add(userpass);
    int number=Integer.parseInt(DataUtils.getValueBySQL(conn,"SELECT COUNT(*) FROM USER WHERE LOGINNAME=? AND PASS=? ",sqlParams).toString());
    if(number>0){
userName=DataUtils.getValueBySQL(conn,"SELECT USERNAME FROM USER WHERE LOGINNAME=? AND PASS=? ",sqlParams).toString();
        map.put("Result","OK");
        map.put("userName",userName);
    }else{
```

```
            map.put("Result","ERROR");
        }
        return map;
    } finally {
        conn.close();
            }
```

每个网格员登录后,可以查询自己巡检过的记录(图6-40),如此核查自己巡查过的地方和及时发现巡查遗漏的地方,这样就方便网格员对自己负责区域的历史记录进行精确掌握,使监管区域的建筑变化情况有清晰的脉络,有效监控管辖区域的违章建筑,及时处理房屋加盖、危房拆除等情况,也使监管执法工作得以顺利进行。

图6-40 网格员查询巡查记录

该模块软件异步加载管辖范围内的网格数据,界面显示管辖区域内所有的巡视记录,每条记录中包含网格编号、网格情况、巡查状态、巡检备注等相关信息。获取的网格选项代码如下所示:

```
Model.prototype.getItems=function(userid){
```

```
    var itemData=this.comp('kuaiListData');
    var ret=[];
    itemData.each(function(param){
        var row=param.row;
        if(row.val('ownerid')==justep.Util.getCookie('u'))
        {
            ret.push(row);
        }
    });
    return ret;
}
```

选择不同的网格，软件通过调用后台数据库的所属网格信息数据链，对相应网格的详细信息数据进行展示，其中包括巡检块信息、网格情况、巡检时间、巡检状态、巡检备注及巡检地点附近的照片信息，通过数据信息与影像信息相结合给用户以直观的巡检结果展示方式。获取的网格数据链代码如下：

```
Model.prototype.getKuaiName=function(id){
    var itemData=this.comp('kuaiListData');
    var kuaiName='';
    itemData.each(function(param){
        var row=param.row;
        if(row.val('oid')==id){
kuaiName=row.val('kuainame')+'('+row.val('wanggeid')+'-'+row.val('kuaiid')+')';
        }
    });
    return kuaiName;
}
```

网格员日常作业就是只需到达所属网格现场，使用 APP 选择新增巡视功能进行网格选择、时间选择、状态选择，然后选择性录入辅助信息，对巡查地点的基本信息进行整理和存储，也可通过拍照记录添加相应的备注，即可完成相应的网格日常管理工作。新增巡视功能模块附件上传代码如下所示：

```
Model.prototype.uploadImage=function(imageURI,event){
    debugger;
    var picName=justep.UUID.createUUID()+".jpg";
    var me=this;
    if(this.debugg){
        var attachdata=me.comp("addattachementData");
        var opti={
```

第 6 章　违章建筑动态监测及其监察信息系统构建

```
        defaultValues:[ {
            fileName:picName
        } ]
    };
    attachdata.newData(opti);
    return;
    }
}
```

因为系统为网格员提供了变化建筑所在的地理位置和定位导航功能（图 6-41），方便其能及时、准确到达作业现场进行信息采集；这样就通过"地上查"的方法大大提高了网格员的作业效率和数据管理的可靠性、时效性。

图 6-41　定位导航

针对网格巡检的巡视地点的位置信息记录，用百度地图进行定位，将巡检地点的位置信息在百度地图上直观地展示，并结合巡视记录中的文本、影像信息，给予巡检工作以多方位的数据支持,并且在不同模式下的底图上变换不同的位置标签,使巡视地点的坐标位置在地图上一目了然。导航定位代码如下所示:

```
Model.prototype.getLocation=function(){
    var gpsDtd=$.Deferred();
    if(navigator.geolocation){
        var success=function(data){
            gpsDtd.resolve({
                coorType:data.coorType,
                address:data.address,
                longitude:data.coords.longitude,
                latitude:data.coords.latitude
            });
        };
```

系统结合百度地图 API 开发使用二维、三维地图作为巡视地图数据,并将地面线路与相关地点数字化,可以明确定位巡视地点的周边路况与位置信息,使巡视工作及内容更加多样和完整。另外,系统为用户提供 POI 检索服务,用户可以查询巡视地点周边的街道、商场、楼盘等信息,也可以借助最短路径分析查找最近的所有餐馆、学校、银行、公园等,并且通过 APP 互相唤醒方式,可以调用系统内已经安装的百度 APP,实现公交、驾车、步行等多种导航路线计算和服务。

对于网格员日常作业轨迹,采用实时定位跟踪的方式对巡视人员的工作路径进行记录,将工作轨迹在百度地图上显示,并将轨迹数据上传到 Web 端,方便对工作人员的日常工作行为及状态进行监督审查,并通过 Web 系统提供的网格运行历史轨迹查询回访和巡检结果的查询分析功能,为网格化管理日常工作的管理水平提升、隐患分析跟踪、问题处理解决等工作提供信息化支撑手段。

网格巡查 APP 开发与实现在整个系统的运转中起到承上启下的作用,不仅在网格巡查工作中为主要记录手段,而且在数据的采集方面为 Web 系统的运行提供了大量的数据支持。

6.5.3 建筑监察 APP 与 Web 端数据同步关联

监察管理终端可提供系统移动端数据接口,事件处理进展实况管理系统数据同步,为决策者提供实时信息 Web 端平台,实现定期事件处理近况报表。在网格员现场采集信息以后,数据通过关联,相关工作人员通过权限账号登录,就能同步浏览网格员采集的建筑信息,包括事件名称、时间、具体门牌号,以及现场的拍照和事件备注,管理工作人员就能通过关联的建筑信息,对相关建筑是否违章进行预判,并根据情况采取相应的处理措施(图 6-42)。

第 6 章 违章建筑动态监测及其监察信息系统构建

图 6-42 违章建筑管理登录界面和信息内容

6.5.4 违章建筑查询管理系统实现

通过管理系统汇总了无人机获取的 DOM、DSM 及 720°全景、倾斜摄影、外业执法记录文本和照片数据，开发能够按照图斑及门牌号等属性实时查阅执法历史记录的网络办公平台，实现"天上看""地上管""网上查"的整体解决方案。图 6-43 为违章建筑查询系统界面。

图 6-43 违章建筑查询系统界面

6.6 本章小结

违章搭盖直接造成铁皮飞、车架被砸、玻璃被砸等不良后果。如何防止违章搭盖建筑的重修重盖，让广大市民不再重受这些危险建筑的危害、减少国家和民生的损失，使得市容市貌恢复到原本的状态中，是防灾减灾的"治本"工作。采用无人机动态航拍数据，首先计算动态 DSM 影像数据的高程变化，并将高程变化值为 2~8m 的图斑作为初筛目标，叠加两期动态正射影像进行人机交互解译，快速提取扩展建筑、新建建筑及拆除建筑三种类型建筑的范围，开发现场勘查移动 GIS 软件，采用 WebGIS 对航拍影像、解译成果及地面调查信息进行集成发布，构建能够实现精准管理且能为违章搭盖形成有效震慑作用的监管平台。

第7章 总结与展望

7.1 研究总结

本书借助成套化无人机航拍、数据处理及信息资源开发利用技术,从城市应急及灾后管理两个层面展开研究工作,做了如下几项工作。

第一,基于无人机遥感系统获取的厘米级正射影像的获取与分析,建立树木、路灯、电杆、农棚、厂房、民房、积水区等多目标受灾体的无人机影像解译标志,设计无人机应急制图的信息内容、符号表达、图件版式,解译并编制灾损数据库。以"莫兰蒂"超强台风灾后影像航拍资料及历史遥感数据、地名、行政区划为数据基础开展系列图件制作,在灾后复杂现场勘察环境下,及时、高效地为厦门市集美区、翔安区、思明区等地提供翔实的"一线"灾情信息。

第二,针对台风中损失较为严重的树木和建筑两种对象,在解译数据库的基础上,结合影像分析、地面调查、三维激光测量、多要素关联分析等手段,扩充属性内容,并进一步进行专题分析。在树木受损专题方面,对倒伏树木的受损等级、倒伏树木种类、树木大小及树木存在的二次伤害等属性进行专题分析,确定倒伏树木的具体受损情况、倒伏树木二次伤害的避免及灾后绿化恢复工作中树木种类的选择;对倒伏树木与公共设施等要素进行关联性分析,确定要素间的互相影响关系及灾后的重点防治区域;利用三维激光扫描技术测算抽样倒伏树木的树高、胸径,并计算林地的材积容量。在建筑受损专题方面,对受损建筑的材料进行专题分析,确定建筑垃圾的主要来源;对受损建筑聚集地进行空间分析,分析受损建筑的空间分布与受损程度关系。采用三维激光技术制作损毁与修复重建的点云模型,编制损毁建筑部件调查清单。

第三,基于大批量城乡风貌房屋外立面改造工程资金核算、规划管理与项目管控的需要,以厦门市同安区的同集路、滨海西大道、银湖中路及翔安区新霞路、龙新路、大帽山路、山岬路30余千米的路段两侧的建筑外立面为工作对象,基于航拍与点云数据获取总平面图、外立面图制作、编码的技术方法,开发构建集总平面图,外立面图,立面现状及规划、施工效果图于一体的房屋外立面改造GIS系统,为灾后城市修补工程的规划、管理提供快速、精准、透明的集成化技术平台。

第四,违章搭盖建筑会直接带来铁皮飞、车架被砸、玻璃被砸等不良后果。如何防止违章搭盖建筑的重修重盖,让广大市民不再重受这些危险建筑的危害、减少国家和民生的损失,使得市容市貌恢复到原本的状态中,是防灾减灾的"治本"工作。以厦门市思明区莲前街道为试点,采用无人机动态航拍数据,首先将获取动态DSM数据求取高程变化2~8m的图斑作为初筛目标,叠加两期动态正射影像进行人机交互解译,快速提取扩展建筑、新建建筑及拆除建筑三种类型建筑的范围,开发现场勘查移动GIS软件,采用WebGIS

对航拍影像、解译成果及地面调查信息进行集成发布,构建能够实现精准管理且能为违章搭盖形成有效震慑作用的监管平台。

综合上面内容,本书通过厘米级航拍正射影像,以及结合 DSM、倾斜摄影技术、航拍视频、三维激光测量、历史资料、移动 GIS 调查数据与手段,实现台风受灾体的空间和属性的双重细化识别,构建多视角分析手段与多功能的信息平台,建立与目前高精尖台风应急测绘软硬件设备发展相匹配的信息加工、分析及开发应用技术手段,使得无人机遥感作为台风应急管理先进手段更加成套化、系统化,更加具有适用性和广泛性。

7.2 不足与展望

首先,本书基于航拍影像比较系统地获取了多种受灾体的空间信息及部分属性内容,在获取方法上需要进一步研究面向对象的目标自动提取智能算法,并提高大范围受灾区灾情快速评估的时效性,开发对灾情多源空间信息的数据管理、采集、统计、制图、分析等集成功能的专题 GIS 系统,以降低依赖 ArcGIS 平台及无人机遥感相关软件工具的程度,促进无人机遥感在台风应急与管理中及时服务和推广应用。

其次,在灾情信息内容的进一步拓宽上,还应顾及沿海城市台风应急与管理的特点,对近海区域产业设施(如渔排)、特色物种(如红树林)、脆弱性受灾对象(如电力线),以及车位、桥梁、码头、河岸、海堤、地质(隐患)灾害点等更多目标的无人机遥感监测做深入的研究。充分利用无人机遥感信息丰富的优势,对一些重要应急事务,如对清障中的绿化垃圾和建筑垃圾进行分布制图及体量统计,为清障争取时间,以及对人力、财力的安排提供决策信息支持。基于综合数据库,进一步从多要素综合评价角度开展灾损(如灾损评估、生态系统服务)评估研究。

最后,将无人机影像及点云数据应用在建筑的损毁、灾后修补及违章监管方面,获取的相关数据仍有较大的待深入挖掘的潜力。例如,根据无人机灾前灾后的 DSM 数据对比分析探测倒塌情况,采用三维激光技术,在调查损毁建筑部件和制作重建点云效果图的基础上,编制建筑修补物料需求调查统计清单。利用厘米级的正射影像制作大比例尺地籍图,在获取具有现势性地籍图的基础上集成房屋平面图与入户调查获取的人口、危险品等重点管理对象的信息,通过巡查 APP,建立与二维码门牌的一一对应关系,实现灾中准确掌握居民状况,同时为日常的安全保障工作、建设"安全感"的城市提供高效、准确的信息工具。

参 考 文 献

丁燕，史培军.2002.台风灾害的模糊风险评估模型[J].自然灾害学报，11（1）：34-43.
方雅琴.2013.从"11.5万棵树木的倒伏"反思"植树造林"[J].中学地理教学参考，(Z1)：134-135.
巩在武，胡丽.2015.台风灾害评估中的影响因子分析[J].自然灾害学报，(1)：203-213.
国家发展和改革委员会应对气候变化司.2005.中国温室气体清单研究[M].北京：中国环境科学出版社.
国家海洋局.2017.2016中国海洋灾害公报[R].北京：国家海洋局.
胡潭高，张登荣，王洁，等.2013.基于遥感卫星资料的台风监测技术研究进展[J].遥感技术与应用，28（6）：994-999.
贾宝全，王成，邱尔发，等.2013.城市林木树冠覆盖研究进展[J].生态学报，33（1）：23-32.
江涛.2010.遥感影像解译标志库的建立和应用[J].地理空间信息，8（5）：31-33.
金玉芬，杨庆山，李启.2010.轻钢房屋围护结构的台风灾害调查与分析[J].建筑结构学报，31：197-201，231.
李煜莹.2008.浅谈我国城市大气污染及其生态防治对策[J].科技创新导报，(15)：111.
李云，徐伟，吴玮.2011.灾害监测无人机技术应用与研究[J].灾害学，26（1）：138-143.
林明森，张毅，宋清涛，等.2014.HY-2卫星微波散射计在西北太平洋台风监测中的应用研究[J].中国工程科学，16（6）：46-53.
刘少军，张京红，何政伟，等.2010.基于遥感和GIS的台风对橡胶的影响分析[J].广东农业科学，37（10）：191-193.
刘正光，喻远飞，吴冰，等.2003.利用云导风矢量的台风中心自动定位[J].气象学报，61（5）：636-640.
陆博迪，孟迪文，陆鸣，等.2011.无人机在重大自然灾害中的应用与探讨[J].灾害学，26（4）：122-126.
马洪斌.2013.基于ArcGIS-CorelDraw的地理国情普查专题图编制探讨[J].测绘与空间地理信息，(9)：187-188.
马华铃.2016.沿海地区台风灾害经济损失评估[D].广州：广东外语外贸大学硕士学位论文.
牛海燕，刘敏，陆敏，等.2011.中国沿海地区台风灾害损失评估研究[J].灾害学，26（3）：61-64.
欧阳志云，王如松，赵景柱.1999.生态系统服务功能及其生态经济价值评价[J].应用生态学报，10（5）：635-640.
齐洪威，韩琴，罗海燕，等.2015.2014年"威马逊"超强台风作用下建筑结构灾损调查与分析：轻钢结构[J].建筑结构，45（15）：27-35.
任红玲，王萌，刘珂，等.2015.卫星遥感在台风影响玉米倒伏灾害监测中的应用[J].吉林气象，22（4）：21-24.
宋芳芳，欧进萍.2010.台风"黑格比"对城市建筑物破坏调查与成因分析[J].自然灾害学报，19（4）：8-16.
孙玉超，曾纪胜，杨帆，等.2017.无人机遥感系统在风暴潮灾害损失评估中的应用初探[J].海洋开发与管理，34（4）：56-60.
台海网.厦门市政府第三次发布会：台风"莫兰蒂"造成厦门直接经济损失102亿！灾后恢复再现厦门速度![EB/OL].http://www.taihainet.com/news/xmnews/szjj/2016-09-19/1789079.html[2017-11-27].
王衍，洪海凌，王同行，等.2015.无人机遥感在台风灾害调查中的应用[J].海洋开发与管理，32（12）：60-63.
王艳艳，高彦涛.2012.基于COPS的野外数据采集系统的研究[J].中国新技术新产品，(10)：4.

吴金塔, 庄先. 2003. 福建省防台风风情实时监测预警系统[J]. 水利水电技术, 34 (7): 64-66.
厦门市集美区地方志办公室. 2015. 集美年鉴[M]. 北京: 中华书局.
谢高地, 甄霖, 鲁春霞, 等. 2008. 一个基于专家知识的生态系统服务价值化方法[J]. 自然资源学报, 23 (5): 911-919.
许健民, 张其松. 2006. 卫星风推导和应用综述[J]. 应用气象学报, 17 (5): 574-582.
杨东梅, 王佳玫, 陈华姑, 等. 2015. 台风"威马逊"对海口树木的危害及防治对策[J]. 福建林业科技, 42 (4): 159-163.
殷洁, 戴尔阜, 吴绍洪. 2013. 中国台风灾害综合风险评估与区划[J]. 地理科学, 33 (11): 1370-1376.
尹杰, 杨魁. 2011. 基于无人机低空遥感系统的快速处理技术研究[J]. 测绘通报, (12): 15-17.
余建波. 2008. 基于气象卫星云图的云类识别及台风分割和中心定位研究[D]. 武汉: 武汉理工大学硕士学位论文.
张旦, 周莹, 万永文, 等. 2012. 特征分析法在最小预测区优选中的应用[J]. 四川理工学院学报 (自然科学版), 25 (4): 93-96.
张广平, 谢忠, 罗显刚, 等. 2014. 基于WebGIS的海南省台风灾害管理决策辅助系统 [J]. 热带海洋学报, 33 (6): 80-87.
张丽佳, 刘敏, 权瑞松, 等. 2009. 中国东南沿海地区热带气旋特点与灾情评估[J]. 华东师范大学学报 (自然科学版), 2: 41-49.
张明洁, 张京红, 刘少军, 等. 2014. 基于FY-3A的海南岛橡胶林台风灾害遥感监测——以"纳沙"台风为例[J]. 自然灾害学报, 23 (3): 86-92.
张文静, 朱首贤, 黄韦艮. 2009. 卫星遥感资料在湛江港风暴潮漫滩计算中的应用[J]. 解放军理工大学学报 (自然科学版), 10 (5): 501-506.
郑晓阳, 高芳琴. 2007. 基于WebGIS的台风信息服务系统研究及应用[J]. 城市道桥与防洪, (4): 51-55.
郑秀菊. 2012. 浅析低空无人机在测绘中的应用[J]. 吉林农业, (3): 247-252.
周晓敏, 赵力彬, 张新利. 2012. 低空无人机影像处理技术及方法探讨[J]. 测绘与空间地理信息, 35 (2): 182-184.
朱敏, 刘刚, 马海涛, 等. 2010. 遥感影像目视解译矢量化分析[J]. 测绘与空间地理信息, 33 (4): 67-69.
邹巨洪, 林明森, 潘德炉, 等. 2009. QuikSCAT在台风监测中的应用[J]. 遥感学报, 13 (5): 840-853.
Adams S M, Levitan M L, Friedland C J. 2014. High resolution imagery collection for post-disaster studies utilizing unmanned aircraft systems (UAS)[J]. Photogrammetric Engineering & Remote Sensing, 80 (12): 1161-1168.
Brokaw N V, Walker L, Lawrence R. 1991. Summary of the effects of Caribbean hurricanes on vegetation[J]. Biotropica, 23: 442-447.
Chen Z, Bai J. 2011. The design of typhoon meteorological information system and its implementation based on WebGIS[J]. Procedia Environmental Sciences, 10 (Part A): 420-426.
Costanza R, d'Arge R, de Groot R, et al. 1997. The value of the world's ecosystem services and natural capital[J]. Nature, 387 (6630): 253-260.
Emanuel K A, Anderson J G. 1991. Hurricane Reconnaissance by Pilotless Aircraft[C]. Miami: Proceedings of the Proc 19th Conf on Hurricanes and Tropical Meteorology.
Ezequiel C A F, Cua M, Libatique N C, et al. 2014. UAV Aerial Imaging Applications for Post-disaster Assessment, Environmental Management and Infrastructure Development[C]. 2014 International Conference on Unmanned Aircraft Systems (ICUAS). IEEE: 274-283.
Fang C Y, Lin H, Xu Q, et al. 2008. Online Generation and Dissemination of Disaster Information Based on Satellite Remote Sensing Data[C]. Berlin: International Symposium on Web and Wireless Geographical

Information Systems.

Friedland C J, Massarra C C, Henderson E. 2011. Integrated Aerial-Based and Ground-Based Damage Assessment of Single Family Dwellings at the Neighborhood and Per-Building Spatial Scales [C]. Palo Alto Proceedings of the 9th International Workshop on Remote Sensing for Disaster Response.

Guo B, Yang S H, Witty J, et al. 2002. QuikSCAT geophysical model function for tropical cyclones and application to Hurricane Floyd[J]. IEEE Transactions on Geoscience & Remote Sensing, 39 (12): 2601-2612.

Haldar D, Nigam R, Patnaik C, et al. 2016. Remote sensing-based assessment of impact of Phailin cyclone on rice in Odisha, India [J]. Paddy & Water Environment, 14 (4): 451-461.

Hayashi M, Saigusa N, Oguma H, et al. 2015. Quantitative assessment of the impact of typhoon disturbance on a Japanese forest using satellite laser altimetry[J]. Remote Sensing of Environment, 156: 216-225.

Hayden C. 1993. Recent Research in the Automated Quality Control of Cloud Motion Vectors at CIMSS/NESDIS[C]. Tokyo: Proceedings of the Second International Wind Workshop.

Hoque M A A, Phinn S, Roelfsema C, et al. 2017. Tropical cyclone disaster management using remote sensing and spatial analysis: a review[J]. International Journal of Disaster Risk Reduction, 22: 345-354.

Jiang S, Friedland C J. 2015. Automatic urban debris zone extraction from post-hurricane very high-resolution satellite and aerial imagery [J]. Geomatics Natural Hazards & Risk, (3): 1-20.

Lee M F, Lin T C, Vadeboncoeur M A, et al. 2008. Remote sensing assessment of forest damage in relation to the 1996 strong typhoon Herb at Lienhuachi Experimental Forest, Taiwan[J]. Forest Ecology and Management, 255: 3297-3306.

Li K, Li G S. 2013. Risk assessment on storm surges in the coastal area of Guangdong Province[J]. Natural hazards, 68 (2): 1129-1139.

Li Y, Ma S, Sun Z. 2016. Analysis of essential meteorological elements surrounding Typhoon Sinlaku by unmanned aerial vehicle [J]. Atmospheric & Climate Sciences, 6 (1): 29-34.

Lu C H. 2016. Applying UAV and photogrammetry to monitor the morphological changes along the beach in Penghu Islands[J]. ISPRS-International Archives of the Photogrammetry, Remote Sensing and Spatial Information Sciences, XLI-B8: 1153-1156.

Ma L, Cheng L, Li M, et al. 2015. Training set size, scale, and features in geographic object-based image analysis of very high resolution unmanned aerial vehicle imagery[J]. ISPRS Journal of Photogrammetry and Remote Sensing, 102: 14-27.

Manchun L I, Cheng L, Gong J Y, et al. 2008. Post-earthquake assessment of building damage degree using LiDAR data and imagery[J]. 中国科学: 技术科学, 51 (S2): 133-143.

Mei W, Xie S P. 2016. Intensification of landfalling typhoons over the northwest Pacific since the late 1970s[J]. Nature Geoscience, 9 (10): 753-757.

Murphy R R, Stover S. 2006. Field Studies of Safety Security Rescue Technologies Through Training and Response Activities[C]. Unmanned Systems Technology VIII. International Society for Optics and Photonics.

Naoto E, Graber H C. 1998. Directivity of wind vectors derived from the ERS-1/AMI scatterometer [J]. Journal of Geophysical Research Atmospheres, 103 (3334): 7787-7798.

Negrón-Juárez R, Baker D B, Chambers J Q, et al. 2014. Multi-scale sensitivity of Landsat and MODIS to forest disturbance associated with tropical cyclones[J]. Remote Sensing of Environment, 140: 679-6789.

Piñeros M F, Ritchie E A, Tyo J S. 2010. Detecting tropical cyclone genesis from remotely sensed infrared image data[J]. Geoscience & Remote Sensing Letters IEEE, 7 (4): 826-830.

Sarangi R K, Mishra M K, Chauhan P. 2015. Remote sensing observations on impact of Phailin Cyclone on phytoplankton distribution in northern Bay of Bengal[J]. IEEE Journal of Selected Topics in Applied Earth Observations & Remote Sensing, 8 (2): 539-549.

Steimle E T, Murphy R R, Lindemuth M, et al. 2009. Unmanned Marine Vehicle Use at Hurricanes Wilma and Ike[C]. OCEANS 2009. IEEE: 1-6.

Szantoi Z, Malone S, Escobedo F, et al. 2012. A tool for rapid post-hurricane urban tree debris estimates using high resolution aerial imagery[J]. International Journal of Applied Earth Observation & Geoinformation, 18 (1): 548-556.

Tsai M L, Chiang K W, Huang Y W, et al. 2012. The Development of a Direct Georeferencing Ready UAV Based Photogrammetry Platform [C]. Calgary: In Proceedings of the 2010 Canadian Geomatics Conference and Symposium of Commission Ⅰ.

Ural S, Hussain E, Kim K H, et al. 2011. Building extraction and rubble mapping for City Port-au-Prince Post-2010 Earthquake with GeoEye-1 imagery and lidar data[J]. Photogrammetric Engineering & Remote Sensing, 77 (10): 1011-1023.

van der Sande C J, de Jong S M, de RooA P J. 2003. A segmentation and classification approach of IKONOS-2 imagery for land cover mapping to assist flood risk and flood damage assessment[J]. International Journal of Applied Earth Observation and Geoinformation, 4 (3): 217-229.

Wang F, Xu Y J. 2010. Comparison of remote sensing change detection techniques for assessing hurricane damage to forests[J]. Environmental Monitoring and Assessment, 162 (1): 311-326.

Wang W, Qu J J, Hao X, et al. 2010. Post-hurricane forest damage assessment using satellite remote sensing[J]. Agricultural and Forest Meteorology, 150: 122-132.

Wang W, Qu J J, Hao X, et al. Post-hurricane forest damage assessment using satellite remote sensing [J]. Agricultural and Forest Meteorology, 150 (1): 122-132.

Wu C T, Hsiao C Y, Hsieh P S. 2013. Using UAV and VBS-RTK for rapid reconstruction of environmental 3D elevation data of the Typhoon Morakot disaster area and disaster scale assessment[J]. Journal of Chinese Soil and Water Conservation, 44 (1): 23-33.

Wu Q, Su H, Sherman D J, et al. 2016. A graph-based approach for assessing storm-induced coastal changes[J]. International Journal of Remote Sensing, 37 (20): 4854-4873.

Yin J, Yin Z, Xu S. 2013. Composite risk assessment of typhoon-induced disaster for China's coastal area[J]. Natural hazards, 69 (3): 1423-1434.

Zhang K, Whitman D, Leatherman S, et al. 2005. Quantification of beach changes caused by Hurricane Floyd along Florida's Atlantic coast using airborne laser surveys[J]. Journal of Coastal Research, 211: 123-134.